国家自然科学基金项目（32260622）
江西省自然科学基金项目（20224BAB212007）

光谱技术和图像技术在农业生产智能检测领域的应用研究

章海亮　著

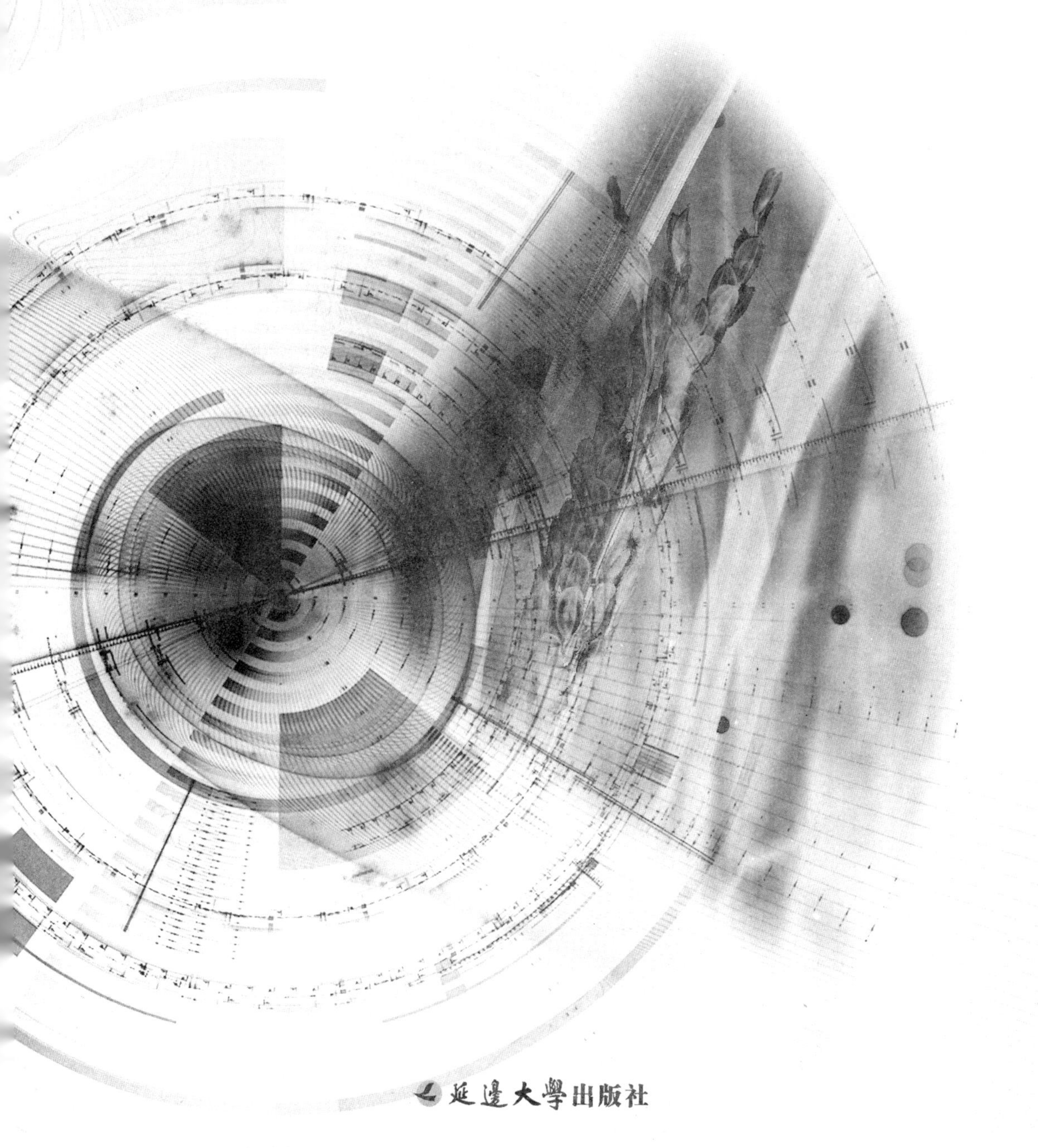

延邊大學出版社

图书在版编目（CIP）数据

光谱技术和图像技术在农业生产智能检测领域的应用研究 / 章海亮著. -- 延吉 : 延边大学出版社, 2023.5
ISBN 978-7-230-04818-7

Ⅰ. ①光… Ⅱ. ①章… Ⅲ. ①光谱分析－应用－农业生产－自动检测－研究②图像处理－应用－农业生产－自动检测－研究 Ⅳ. ①TS207.3

中国国家版本馆 CIP 数据核字(2023)第 081734 号

光谱技术和图像技术在农业生产智能检测领域的应用研究

著　　者：章海亮
责任编辑：王思宏
封面设计：文合文化
出版发行：延边大学出版社
社　　址：吉林省延吉市公园路 977 号　　邮　　编：133002
网　　址：http://www.ydcbs.com
E-mail：ydcbs@ydcbs.com
电　　话：0433-2732435　　传　　真：0433-2732434
发行电话：0433-2733056
印　　刷：三河市嵩川印刷有限公司
开　　本：787 mm×1092 mm　1/16
印　　张：9.75　　字　　数：200 千字
版　　次：2023 年 5 月 第 1 版
印　　次：2023 年 7 月 第 1 次印刷
ISBN 978-7-230-04818-7

定　　价：58.00 元

前　言

农业是国家社稷的重中之重，直接关系着社会的稳定与发展，农业丰则国强。21世纪以来，人类面临的如环境污染、能源耗竭和食品短缺等这些难题都直接或间接地与农业有关，这就更要求农业要高效、稳步和健康发展以符合精准农业发展理念。精准农业通过实时获取农田中作物产量和影响作物生长的环境因素信息指导管理者采取相应的决策，如施肥、灌溉和喷药等，能有效降低生产成本，提高农业生产率，保护环境。

随着人工智能、计算机技术、图像处理等多学科的交叉发展和应用，劳动密集型传统农业正向着智慧型、精准型、现代化农业转变。目前，在农业活动的多个环节，精准农业都有广泛的应用。

本书结合“农业要高效、稳步和健康发展以符合精准农业发展”理念，对光谱技术和图像技术，以及二者的应用范围进行了简要介绍，在此基础上，详细介绍了基于光谱和高光谱成像技术的土壤有机质和土壤类型测定方法，基于高光谱技术的种子品种识别、活力和含水率检测方法和基于光谱技术的水果品质检测方法等。

本书由华东交通大学章海亮独立撰写，并由罗微、詹白勺和刘雪梅老师参与统稿校稿。

由于作者的撰写水平有限，书中错误和不足之处在所难免，恳请各位同人、专家和读者谅解。

目　录

第一章　光谱技术和图像技术

第一节　光谱技术和图像技术的概念

一、光谱技术的起源

光谱学是光学的一个分支学科，它主要研究各种物质的光谱的产生及其与同物质之间的相互作用。根据研究方法的不同，习惯上把光谱学分为发射光谱学、吸收光谱学和散射光谱学。光谱学是一门从实验发展起来的科学技术，关于光谱学的研究至今已有一百多年的历史。1666年，牛顿把通过玻璃棱镜的太阳光分解成了从红光到紫光的各种颜色的光谱，他发现白光是由各种颜色的光组成的。这可算是最早对光谱的研究，由此人们第一次接触到了光的客观的和定量的特征。1802年，沃拉斯顿观察到了光谱线，1814年夫琅和费也独立地发现了它。牛顿之所以没有能观察到光谱线是因为他使太阳光通过了圆孔而不是通过狭缝。1814～1815年，夫琅和费公布了太阳光谱中的许多条暗线，并以字母来命名，其中有些命名沿用至今，此后便把这些线称为夫琅和费暗线。

实用光谱学是由基尔霍夫和本生在19世纪60年代发展起来的，他们证明光谱学可以作为定性化学分析的新方法，并利用这种方法发现了几种当时还未知的元素，并且证明了太阳里也存在着多种已知的元素。就这样，基尔霍夫和本生找到了一种根据光谱来判别化学元素的方法——光谱分析技术，即根据各种结构的物质的特征光谱，利用光谱学的原理和实验方法来确定物质的结构和化学成分的分析方法。

二、光谱技术的主要应用领域

光谱技术有着十分广泛的应用领域。通过对光谱的研究，人们可以得到原子、分子等的能级结构、能级寿命、电子的组态、分子的几何形状、化学键的性质、反应动力学等多方面物质结构的知识。光谱学技术并不只是一种科学工具,它为化学分析提供了重要的定性和定量的分析方法。利用光谱技术,人们发现了许多新元素,如铷和铯就是从光谱中看到了以前所不知道的特征谱线而被发现的。可以说光谱分析技术开创了化学和分析化学的新纪元。光谱技术除了在化学分析中得到广泛应用外,在研究天体的化学组成中,同样也起到很重要的作用。19世纪初,科学家们在研究太阳光谱时,发现它的连续光谱中有许多暗线,最初不知道这些暗线是怎样形成的,后来在了解了吸收光谱的成因后,才知道这是太阳内部发出的强光经过温度比较低的太阳大气层时产生的吸收光谱。仔细分析这些暗线,把它跟各种原子的特征谱线对照,于是就知道了太阳大气层中含有氢、氦、氮、碳、氧、铁、镁、硅、钙、钠等几十种元素。

随着数字化、智能化、网络化光谱分析检测技术和光谱仪器的不断发展,目前光谱技术已广泛地用于地质、冶金、石油、化工、农业、医药、生物化学、环境保护等领域。如现代航空航天、环境生态保护、自然灾害预测预报、全球性传染病(艾滋病、禽流感、重症急性呼吸综合征、疟疾)控制、大规模战争和恐怖活动控制等领域的分析检测,而且会更多应用在现场、生产线、战场实地工作、无人监守、联网工作的环境下,成为在线测控、野外环境监测等领域必不可少的分析检测手段。并且,今后光谱技术仍会沿着20世纪末已开始的应用面拓宽、转移的方向发展,将由传统科技基础学科(物理、化学、天文、生物)、矿物分析、工业产品质量控制等理论研究、物质生产领域继续向生物医学、环境生态、社会安全、国防建设等与人直接相关的领域拓展。近年来,国内外已经发展出多种直接与人相关的光谱仪器,可直接获取来自人体皮肤的荧光,从而检测化妆品和药品的应用效果、皮肤增生、头发损伤、紫外线防护效果等,仪器不需要样品制备,也无样品池,使用方便。此外,也可用于水质分析、土壤分析、环境分析以及农产品、食品、化妆品分析等。

三、光谱技术的应用特点

(1)分析速度较快。

原子发射光谱用于炼钢炉前的分析,可在1～2 min完成,同时给出20多种元素的分析结果。

(2)操作简便。

有些样品不经任何化学处理,即可直接进行光谱分析,采用计算机技术,有时只需按一下键盘即可自动进行分析、数据处理和打印出分析结果。在毒剂报警、大气污染检测等方面,采用分子光谱法遥测,不需采集样品,在数秒内,便可发出警报或检测出污染程度。

(3)不需纯样品。

只需利用已知一光普图,即可进行光谱定性分析。这是光谱分析中一个十分突出的优点。

(4)可同时测定多种元素或化合物,省去复杂的分离操作。

（5）选择性好。

可测定化学性质相近的元素和化合物。如测定铌、钽、锆、铪和混合稀土氧化物，它们的谱线可分开而不受干扰。光谱技术是分析这些化合物的得力工具。

（6）灵敏度高。

可利用光谱法进行痕量分析。目前，相对灵敏度可达到 10^{-9}～10^{-7} g，绝对灵敏度可达到 10^{-9}～10^{-8} g。

（7）样品损坏少。

可用于古物检测和刑事侦查等领域。

随着新技术的采用（如等离子体光源），定量分析的线性范围变宽，使高低含量不同的元素可同时被测定。此外，还可以进行微区分析。

四、光谱分析基础

根据物理学知识，物质的离子、原子或分子受到外部能量作用会发生能级跃迁，这个过程会以电磁辐射的形式表现出来，最终形成不同波长和不同频率的电磁波，把一定波长范围的电磁波称为电磁波谱，如图 1-1 所示。

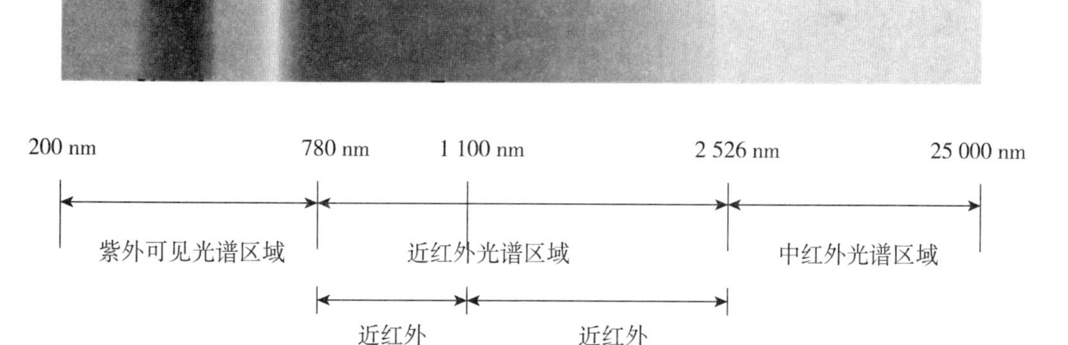

图 1-1　电磁波谱

近红外光谱与组成分子的原子不停振动有关，待检测物内部原子振动的合频及倍频信息是近红外光谱分析技术检测基础，如土壤有机质或者总氮中的氧氢基团、磷氢基团、氮氢基团和碳氢基团（O-H 、P-H、N-H 和 C-H 等）丰富的信息量，由于不同基团（如亚甲基、甲基、苯环等）或同一个基团在不同环境中的近红外吸收波长与强度都有明显差别，不同的有机官能团，如 N-H、O-H、C-H 等，结构的扭转、伸缩振动在不同能级之间的跃迁会对特定波谱产生强度变化,表现出各种形式特征峰或者基团频率,以此作为检测土壤养分的机理。从光源发出的近红外光,作用到被检测物质上,一部分会被该检测对象吸收,一部分会反射,然后以反射光的形式进入探头(光谱仪),称之为反射光谱,采集到的反射光谱能够表达待测对象某些物质的含量信息,如土壤有机质、总氮和磷钾等养分信息。

以近红外光谱分析技术作为检测手段,一般有以下步骤需要完成:一是采集足够有代表性的样本数量用于建立模型,二是将建好的模型用于检测(预测)未知或已知样本的理化值,通过模型的评价指标来评价模型的优劣。在完成第一步的过程中,由于采集环境和检测仪器本身的原因,如样品背景干扰、光程变化、环境干扰和仪器引起的光谱差异,致使采集到的光谱信息含有大量无用信息,或者噪声信息,需要消除或者把有用的信息(波长)选择出来,消除无用的光谱信息或者消除噪声被称为光谱预处理,常用的光谱预处理算法有 SG 平滑、多元散射校正、小波、一阶微分、二阶微分、变量标准化、基线校正和波长压缩等算法。选择有用信息(波长)被称为选择特征波长,常用的特征波长选择算法有连续投影算法、无信息变量消除算法、遗传算法、逐步回归法、回归系数法、载荷系数法、竞争性自适应重加权算法和 Random Frog 等,在完成光谱预处理和选择特征波长步骤后,再采用合适的建模方法建立预测模型,常用的建模方法有偏最小二乘法(partial least square regression, PLSR)、主成分回归(principal component regression, PCR)、多元线性回归(multiple linear regression, MLR)、逐步回归(SMR)、偏最小二乘支持向量机(least squares-support vector machine, LS-SVM)和 BP 神经网络等。完成预测建模后,最后验证模型。也可以根据建模结果开发相应的检测仪器,这种情况下,主要是基于特征波长建立相应的数学公式,以检测对象的理化值为应变量,以特征波长为自变量,检测时,把采集到的波长反射率值代入公式,经过相应运算得到被检测物质的理化值。

第二节　光谱技术的类型

一、拉曼光谱技术

(一) 拉曼光谱技术原理

拉曼光谱技术是以拉曼散射为基础建立的光谱技术。拉曼散射:仅有物质的不均匀性和时间相关,则入射的光波通过该物质会与物质发生能量交换,使得出射光的能量发生变化这种现象叫作非弹性散射。拉曼散射是一种非弹性散射,主要分为两种,一种是指物质被激发吸收能量而导致出射光的波长或者频率小于入射光,这种现象叫作斯托克斯拉曼散射;另一种是物质被激发释放出能量而导致出射光的波长或者频率大于入射光，这种现象叫作反斯托克斯拉曼散射，斯托克斯拉曼散射和反斯托克斯拉曼散射均属于非弹性散射，即入射光与物质发生了能量交换。

拉曼散射是可以携带物质信息的，只需要研究出射光即可了解其携带物质的信息。因此，拉曼光谱有以下优点：

(1)无须制备样品，可以直接检测；

(2)无接触检测，拉曼光谱可以直接对待测物品进行检测，且不会损伤待测物品，因此拉曼光谱技术可以实现无接触、无损检测；

(3)对水溶液和玻璃器皿中的物质进行直接检测，因为拉曼光谱技术是一种激发光谱，水和玻璃几乎不能激发，因此可以直接对其中的物质进行检测。

以上优点是其他检测方法所不具备的或不全具备的，因此拉曼光谱技术可以对植物的原叶位进行检测、可以对易受损的物品进行检测、可以对水溶液中的物品进行检测、可以对有毒有害物品进行检测，且不会破坏待测物品本身。

（二）拉曼光谱技术在检测领域的应用

拉曼光谱技术应用范围很广，根据上文介绍，拉曼光谱技术可以对很多物品进行检测，因此在各个领域应用很广，如食品安全领域、农业工业领域、医学检测领域、新型材料研究领域、化工工业领域、胚胎和种子培育领域等，基本上应用于人民生活的各个方面。

国内外的研究学者对拉曼光谱技术的应用与开发有很多的研究，在农业工业化领域做了大量的研究，为农业工业化提供了理论基础。李俊猛等利用拉曼光谱技术探究重金属铜对苹果砧木根系的作用机理，利用了拉曼光谱技术的无接触性和水溶液影响小等优势，采用化学方法检测出其中作用机理，后利用拉曼光谱进行检测预测，用 5 种铜离子浓度的溶液胁迫苹果砧木根系，采集 5 种拉曼光谱，研究拉曼光谱的指纹光谱，建立 PLS-DA 和 SVM 模型，以此来判断铜离子浓度对根系的胁迫程度，结果显示 SVM 模型能够达到 100%的预测，因此可以利用拉曼光谱研究铜离子对根系的影响机理，为后续的快速、工业化提供了理论基础；白京等利用拉曼光谱技术研究了快速检测猪肉的酸价和过氧化值，这两个参数均是猪肉品质的重要指标，研究采用 0～360 天的冷冻猪肉作为研究对象，建立了酸价和过氧化值的最小二乘回归关系，再用拉曼光谱仪采取猪肉表面光谱，运用多种预处理方法和 CARS 算法提取特征波长建立 CARS-PLSR 模型，发现过氧化值的相关性 $P=0.0003$，远小于 0.050，相关性显著，酸价校正决定系数为 0.880，也有较好的效果，为后续快速检测冷冻猪肉品质提供了理论基础；彭彦昆等利用表明增强拉曼光谱技术对苹果表面的啶虫脒农药残留进行了研究，设立了多浓度啶虫脒溶液的苹果并采集拉曼光谱，建立 PLSR 模型，结果表明浓度在 0.035 mg/kg 为检测下限，远低于国家标准的 0.800 mg/kg，检测范围在 0.082～3.830 mg/kg 的 PLSR 模型的预测相关系数为0.986，为后续的仪器开发提供了模型理论基础。

闫帅等利用拉曼光谱技术的原位优势对瓶装白酒的酒精浓度进行检测，酒精浓度是白酒的一个重要品质，首先采集了空瓶的拉曼光谱、乙醇的拉曼光谱作为参考拉曼光谱，找到乙醇的拉曼特征峰，再采集两种瓶装白酒的拉曼光谱，将空瓶的拉曼光谱作为背景光谱去除，经过预处理后建立一元线性模型，模型的决定系数达到了0.999 8，可以很好地预测瓶装白酒的酒精浓度，该研究显示采用拉曼光谱检测瓶装白酒的酒精浓度是可行的，为后期检测市场上的白酒品质提供了技术支持。谭航彬等利用拉曼光谱技术研究鸡蛋的新鲜程度，对0～40 d的鸡蛋蛋清和蛋黄采集拉曼光谱并进行预处理，后建立主成分-线性判别（principal component analysis-linear discriminant analysis，PCA-LDA）和正交矫正的偏最小二乘-线性判别（orthogonal partial least squares-linear discriminant analysis，OPLS-LDA）分类模型，对鸡蛋的新鲜度进行分类，结果表明PCA-LDA模型对鸡蛋新鲜度检测的准确率达到了96%以上。OPLS-LDA模型对鸡蛋新鲜度检测的准确率达到98%以上。杨志超等利用表面增强拉曼光谱技术对毒品进行鉴别，吸取30 μL苯丙胺、氯胺酮、芬太尼、海洛因、可卡因和甲基苯丙胺等6种毒品并采集拉曼光谱，采用S-G卷积平滑、airPLS等多种预处理方法，并采用主成分分析方法、遗传算法、方差筛选方法对光谱数据进行降维处理，之后建立SVM、随机森林模型，结果表明采用25个波段组合的SVM模型准确率达到了99%。

Zhu Yaodi等采用表面增强拉曼光谱技术对食源性病原体进行定性检测，对5种病原体，即金黄色葡萄球菌、鼠伤寒沙门氏菌、单核细胞增生性李斯特菌、艰难梭菌和梭状芽孢杆菌建立主成分分析（PCA）模型和逐步线性判别分析（SWLDA），结果发现前三个PCs（PC_1、PC_2和PC_3）占总光谱方差的87.300%。效果比普通的拉曼光谱技术好，后建立SWLDA模型发现预测集和校正集的准确率达到100%。即表面增强拉曼光谱技术可以用于快速鉴定食源性病原体。Zhang Lihao等采用拉曼光谱技术建立快速无损识别乳腺癌亚型分类模型，采用拉曼光谱技术获取多种乳腺癌亚型细胞的拉曼光谱数据，分别建立主成分分析-判别函数分析模型和主成分分析-支持向量机模型，两个模型对正常细胞和乳腺癌亚型细胞的分类准确率均大于97%，对乳腺癌亚型细胞的分类准确率均大于92%，结果表明采用拉曼光谱技术可以快速、无损、原位地对乳腺癌亚型细胞进行判别。Li Ping等将拉曼光谱技术应用于考古领域，对新小梅岭软玉采集拉曼光谱，并将其与长江下游新石器时期的软玉制品的拉曼光谱进行对比，发现两者的拉曼光谱高度一致，特别是良渚文化时期的软玉，结果表明拉曼光谱作为一种无损、原位的检测工具可以很好地应用于考古领域。Zhou等采用表面增强拉曼光谱（SERS）技术研究食品中残留的抗生素，采用表面增强拉曼光谱技术测定牛奶中的抗生素青霉素钠（NaBP）和氨苄西林（AMP），结果发现SERS信号与NaBP和AMP的浓度呈线性相关关系，回归系数高达0.997和0.987.且检测残留浓度最低可至6.3×10^{-9} mol/L和9.2×10^{-10} mol/L，且拉曼光谱技术的快速性、灵敏性、可靠性均是抗生素检测所需要的，因此 SERS 可能是一种检测抗生素残留的简单方法。

Jian Li 等基于血清 SERS 技术提出了一种无创检测旋毛虫感染的方法，利用 SERS 检测 40 只正常大鼠、19 只未感染大鼠和 16 只感染大鼠并收集其血液，采用线性判别法（LDA）和 PCA 法对上述样本进行定性分析，结果 PCA-LDA 模型达到了 87.500％的诊断灵敏度、94.700％的特异性和 91.400％的准确率，因此得出 SERS 技术在检测旋毛虫感染方面拥有巨大潜力。Xion Li 等利用拉曼光谱技术研究汽油中掺入煤油的掺假的定量分析，首先采集其拉曼光谱数据再对原始的拉曼光谱数据进行 S-G 卷积平滑、MSC、SNV 和一阶二阶等多种预处理方法，建立 ELM、随机森林定量分析模型，得到 SG-SNV-PLS、SNV-ELM、SG-一阶二阶一随机森林模型决定系数分别为 0.982 8、0.937 4、0.981 7 是否均方根误差为 0.787 8、0.360 6、0.217 5，结果表明采用拉曼光谱技术可以有效地鉴别出汽油中是否掺杂煤油。Li Jiajia 等探究拉曼光谱技术检测青蒿素有效性，研究发现在 724 cm^{-1} 处的振动模型与青蒿素的过氧化物基团振动有关，侧面验证了青蒿素的抗疟疾功效，1 736 cm^{-1} 处的振动模型对应于内酯键的振动模型，并且由实验检测出青蒿素的含量，并建立非线性回归，发现青蒿素含量与拉曼峰面积之间的函数的相关系数为 0.992，为强相关性，该实验表明拉曼光谱技术对青蒿素的检测潜力。

二、高光谱成像技术

高光谱成像技术是新兴的、快速、无损的检测技术，将传统的光谱分析与机器视觉有机地结合在一起，可以同时获得图像上每个像素点的连续光谱信息和每个光谱波段的连续图像信息，其光谱信息能反映样本的化学成分和组织结构，图像信息能反映样本的空间分布、外部属性和几何结构。因此高光谱图像能对样本的多方面物理和化学信息进行空间维的可视化表达。与多光谱成像仪器相比，高光谱成像仪器可以在很窄的光谱波段内连续采集图像，有很高的光谱分辨率，其精度可达到 2～3 nm，能得到上百条波段的连续图像，以充分反映样本光谱信息的细微变化。高光谱图像是由一系列光波波长不同的光学图像组成的图像块，应用较多的光谱波段是可见光（400～780 nm）和近红外光（781～2 500 nm）波段。高光谱成像技术结合了光谱技术和图像处理技术的双重优势，既有光谱技术的优点，如快速、高效、测量简单方便、非破坏性分析、多组分同时测定、样品不需预处理或预处理简单、可实现实时分析，又融合了图像技术的优点，如可视化、直观形象、再现性好、处理精度高、适用面宽、灵活性高。光谱技术和图像处理技术的融合与交叉，使得光谱信息和图像信息取得双赢效果，都发挥出远大于自身的功用。例如，可以先通过光谱分析方法选择具有代表性的特征波长，再提取特征波长图像的纹理等图像信息进行更深入的分析；可以应用光谱分析方法定量测定样本图像每个像素点的化学成分含量和品质参数，再在图像上进行空间维的显示。

三、紫外可见吸收光谱

紫外可见吸收光谱属于吸收光谱，常用的紫外光谱一般包括紫外和可见两个光区，波长为200～800 nm。这种吸收光谱是由价电子和分子轨道上的电子在电子能级上的跃迁所产生的，具有不同分子结构的各种物质有对电磁辐射选择性吸收的特性。生物大分子大部分都具有生色团和助色团，因此都具有紫外特征吸收。而大多数的定量实验或酶活性鉴定、产物的生成都伴随了生色反应。因此可以借助紫外可见吸收光谱进行定量检测。

大部分紫外分光检测仪器都由光源、单色器、吸收池、检测器和信号指示系统等部分组成。

(1)吸收池。

吸收池又称比色皿，主要用于盛放分析试样，传统的比色皿一般由石英和玻璃两种材料制成。玻璃比色皿只适用于可见光区，而石英比色皿适用于紫外及可见光区。现在有一次性的塑料比色皿和塑料酶标板同样可以用于紫外吸收光谱的检测，甚至一些紫外检测仪器根本不需要比色皿，可以直接加样到检测区实现检测。

不管使用哪一种比色皿，都要保证光程长度精确固定，并且材料本身对吸光影响较小。

(2)主要的紫外分光光度测定法。

①标准比较法：在相同的条件下，配制标准溶液和待测样品溶液，并测定它们的光吸收值，通过对两者光吸收的比较，可以求出待测物品的溶液的浓度。

②标准曲线法：事先制作一条标准曲线，计算得到线性拟合方程，再根据待测样品的光吸收值，求出待测样品溶液的浓度。

(3)常见的紫外吸收光谱检测仪器。

无论哪一种仪器，在使用前一定要了解光源穿过溶液的方向，因为这影响了光程长度，如紫外可见光吸收光谱仪和紫外可见分光光度计的光束一般是以水平方向穿过溶液的，那么其光程长度与比色皿的宽度是一致的。而超微量紫外检测器和酶标仪的光束一般是以垂直方向穿过溶液的，其光程长度与溶液高度一致。

(4)紫外检测注意事项。

①避免光路通道污染，具体来说在每次检测前应该使用洁净的比色皿或微孔板，并且将比色皿光面或者微孔板底面擦拭干净。

②根据检测物质选择适合的比色皿。

③避免使用混浊样品。雾样或混浊样品会因散射光线而使读数产生较大的误差，即便是肉眼不可见的轻微混浊也会干扰结果，因此在检测前应通过离心等方式减少混浊。紫外分光光谱及其相关仪器可用于生物大分子和化学小分子的定量及定性测定、酶活力测定及酶动力

学研究、分子之间相互作用研究、酶联免疫法实验、细胞增殖实验、细胞毒性实验,等等,经过紫外检测后,得到的结果一般有两种形式:①单波长点的光吸收值,得到的光吸收值可以进一步用于标准曲线的绘制、浓度的计算和产物生成量的计算等;②检测波长范围内的吸收曲线,如下面的紫外一可见吸收光谱图,一般可以根据吸收峰所在的位置、吸收峰形状和数量等信息进行进一步的结果分析。

三、荧光光谱

(一)原理

在室温下绝大部分物质分子中的外电层电子处于能量最低态(基态),在光照射时,物质分子吸收了某种波长的光后,处于基态的电子就有可能被激发而跃迁到能量较高的激发态上,处于激发态的电子是不稳定的,它们会自动再回到较低能级或基态。在整个跃迁过程中,分子将多余的能量以电磁波的形式辐射出来。这种发光随着激发光的消失而立即消失即为荧光。吸收的光为激发光,而发射出来的光为发射光。荧光光谱可利用物质吸收短波的光能后发射出较长波长光的特征光谱这一性质对物质进行定性或者定量分析。激发光谱是荧光分析法进行定性和定量分析的基本参数,体现了引起荧光的激发辐射在不同,波长的相对效率,化学物质的分子结构不同,所吸收的激发光和发射的发射光波长及强弱均有差异。在荧光测定中,通常把激发光谱中最长的峰值用于激发样品,这样可以避免较短的波长因具有较高的辐射能量而导致的样品光分解。

(二)荧光检测仪器的构成

与紫外检测仪器类似,荧光检测仪器主要由光源、检测池、检测器、放大器和记录器等组成,只不过少了一个单色器。其中关键的部件仍然是光源,荧光检测器的激发光源一般要求比吸收测量中的光源具有更大的发射强度,适用波长范围宽。因此常常可选用卤钨灯、高压汞灯、氙弧灯作为光源。

(三)荧光探针

荧光光谱主要用于物质自身荧光的检测和荧光探针与生物分子的相互作用检测。下面了解一下探针的概念。

①探针是在生物化学和分子生物学研究中用于指示特定的性质和物理状态的一类标记分子,根据标记和检测技术,可以分为放射性同位素标记探针、化学发光标记探针、比色法探针、荧光探针和酶标记探针。

②荧光探针具有检测灵敏度高、操作简便,对样品无损伤、可控、可重复使用、体外和体内皆可使用、可输出 3D 图像等优点。

③当生物大分子和化学小分子作用后，由于特异性结合使得结构或空间构象发生变化，可能会导致分子的荧光特性发生改变，利用这一作用特点，可以设计开发出检测生物大分子的荧光探针。在药物靶标功能研究疾病诊断等方面有重要的应用前景。

（四）荧光光谱的应用

荧光光谱可用于荧光物质的定性及定量测定、分子之间相互作用的研究。当酶促反应底物自身带荧光或外接荧光基团时，荧光光谱也可用于酶活力测定或者酶动力学研究、酶联免疫法实验。此外，由于绿色荧光蛋白(GFP)标记技术在生物学研究中广泛应用，因此荧光光谱也可用于 GFP 及其他荧光蛋白的定量检测。

四、近红外光谱技术

红外光谱又称分析转动光谱或者振动光谱，是指波长介于可见光区和中红外光区之间的电磁波，也是人们最早认识的非可见光区域。可见光波段(visible spectrum，VIS)是电磁波谱中人眼可以看见并感受得到的部分，其波长范围为 400～780 nm，在整个电磁波谱中是极小的一个区域，但却能反映样本表面的所有颜色信息。

按美国试验和材料检测协会(ASTM)的定义，近红外波段(near-infrared spectrum，NIR)是指波长在 780～2 526 nm 范围内的电磁波，习惯上又将近红外区划分为短波近红外区(780～1 100 nm)和长波近红外区(1 100～2 526 nm)。从光源发出的近红外光照射到单一分子或者多分子物质上，分子如果没有吸收，光穿过样本，则该物质分子为非近红外活性分子，否则为近红外活性分子。只有近红外活性分子中的键才能与近红外光子发生作用，产生近红外光谱吸收。分子在近红外光谱区的吸收是因为分子振动或转动状态在不同能级之间的跃迁，主要是中红外(2 500～25 000 nm)吸收基频(相对于分子振动状态在相邻振动能级之间的跃迁)的倍频(相对于分子振动状态在相隔一个或几个振动能级之间的跃迁)和合频(相对于分子两种振动状态的能级同时发生跃迁)。从频率范围划分，近红外光谱的波数在 4 000 cm^{-1} 以上(2 500 nm 以下)，所以只有振动频率在 2 000 cm^{-1} 以上的基频振动才可能在近红外光谱区产生一级倍频，而能够在 2 000 cm^{-1} 以上产生基频振动的主要是含氢基团(C-H、O-H、N-H、S-H)的伸缩和弯曲振动。由于每个近红外谱带可能是几个不同基频的倍频与合频的组合，没有锐峰和基线分离的谱峰，只有大量的重叠谱峰和肩峰，与成分含量相关的信息很难被直接提取出来并给予合理的光谱解析。而有机物在中红外谱区的基频吸收带较多、吸收强度大、谱带窄，传统的光谱学家和化学分析家习惯于在中红外吸收波段进行光谱解析，所以近红外光谱在很长一段时间内是被人忽视和遗忘的谱区。现代近红外光谱技术的应用除传统的农副产品的分析外已扩展到众多其他领域，主要有石油化工和基本有机化工、高分子化工、制药与临床医学、生物化工、环境科学、纺织工业和食品工业等领域，同时，也应用于含能材料快速分析的研究，并取得极好的社会和经济效益。

五、光谱仪器的选用

（一）拉曼光谱仪

（1）雷尼绍共聚焦激光显微拉曼仪（Renishawin Via-Reflex 532/XYZ）。激发波长为 532 nm；激光强度为 50 mW；积分时间为 1s；拉曼光谱检测波长范围为579～3 062 cm^{-1}；分辨率为 0.2 nm；选用放大倍数为 5 倍的物镜。

（2）海洋光学便携式拉曼光谱仪（Ocean Optics QE Pro）。激发波长为 532 nm；激光强度为 100 mW；积分时间为 3s；平均次数为 2 次；拉曼光谱检测波长范围为77～2 146 cm^{-1}。

（二）实时原位单细胞生化分析仪

实时原位单细胞生化分析仪是由江苏瑞明生物科技有限公司开发研制的，仪器型号为 SCA-100，如图 1-3 所示，其中 CCD 成像采用倒置荧光成像，一台显微镜，一个三电极的电化学工作站（上海辰华仪器有限公司生产的 CHI 660E），主要工作参数：检测电流范围为 ±250 mA，电位范围为 ±10 V，检测电流的下限可低于 10 pA。同时，该仪器还可以配合电流屏蔽箱及微电流放大器实现 1 pA 及以下电流的测量，一套标准的激发光源。

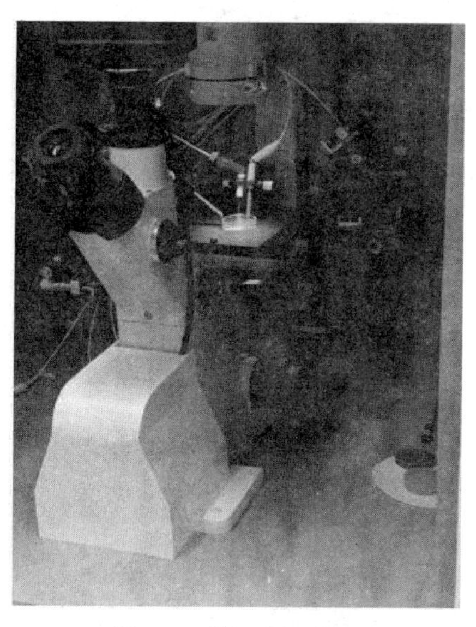

图 1-3　单细胞测试仪

（三）可见近红外光谱仪器

本书中用到的检测仪器设备有 FieldSpec HandHeld 可见近红外光谱仪（350～2 500 nm）、USB4000 短波近红外光谱仪（350～1 000 nm）和近红外高光谱成像仪（900～1 700 nm）。仪器的主要参数、用途和简单原理介绍如下。

本书中采用的近红外光谱检测仪器是美国ASD公司近地光谱仪，检测仪器带有自动设定增益、有积分时间和自动消除暗电流、波长校准等功能，仪器的积分时间可以由软件设置调整，光源探头和光谱仪通过光纤连接，光源发出的光经土壤反射进入光谱仪，软件把光谱仪采集到的反射率值以txt格式的文件保存下来，文件包括两项内容，一是各个波长点的波长数值，二是每个波长点的反射值，形成一条350～2 500 nm的完整光谱，波长点间隔为1 nm。采集土壤光谱数据时，为最大程度减少环境对光谱数据的影响，将探头插入土壤中，外界的光如室内灯光就被土壤表面隔离开来，也就不能经过接收光纤进入光谱仪，采集时探头和土壤表面成90°，以确保反射率在同一条件下采集。为了排除仪器和人为因素的干扰，每次扫描采集10条光谱，取平均值作为一个土壤样本的光谱。图1-4为VIS-NIR光谱仪。

图1-4　VIS-NIR光谱仪

开发土壤养分便携式检测仪器所使用的近红外光谱仪型号是USB4000，波长范围为350～1 000 nm，属于可见-短波近红外区域，光谱分辨率约为0.22 nm，如图1-5所示。

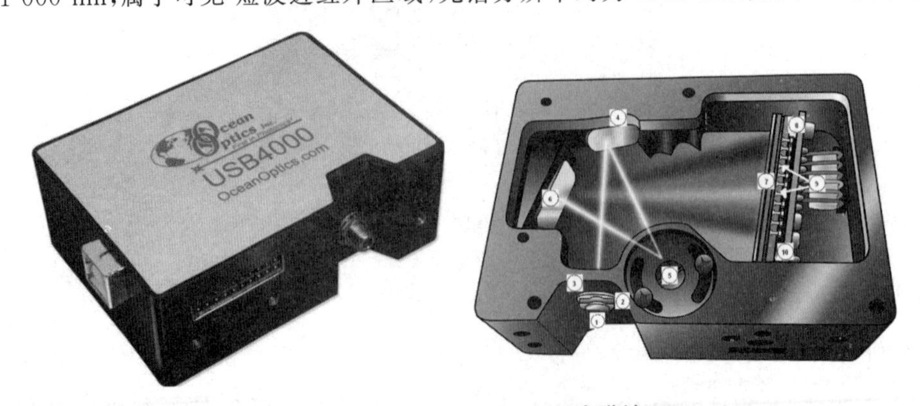

图1-5　USB4000-VIS-NIR光谱计

与USB4000光谱仪连接配套的是一根Y形连接光纤，如图1-6所示，长度为2m左右，直径为 50 μm ± 5 μm。

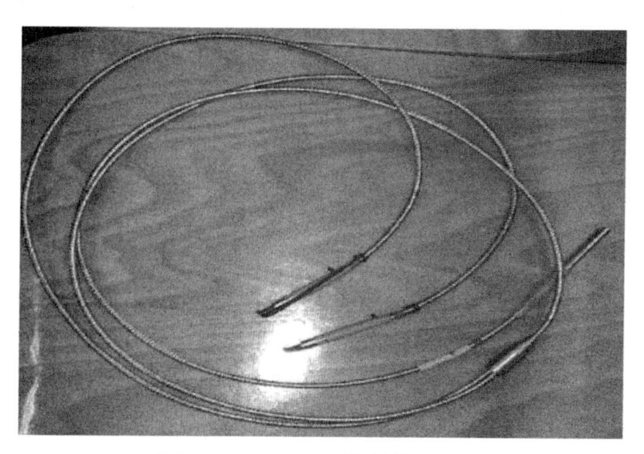

图 1-6　USB4000 仪器所用光纤

USB4000 光谱仪配套功率为 150 W 的石英钨丝卤素光源，如图 1-7 所示。光源供电电压为 12 V 直流供电，光强较为稳定，通过硬件和软件都可以实现光强可调，光源发出的光经光纤传输到土壤表面反射后，反射光谱携带土壤养分含量信息，这些含有土壤养分含量信息的光又经过光纤传输到 USB4000 光谱仪，经过相应的软件处理，以 txt 格式文件保存，最终整理成光谱数据。

图 1-7　USB4000 便携式仪器采用的光源

选择 USB4000 作为开发土壤养分检测仪器核心部件的主要原因：一是 USB4000 尺寸小，精度高，光谱分辨率高；二是 USB4000 供电方式要求不高，12 V 直流供电，这种便携式可移动电源非常容易得到，且便于更换，可以用于野外实地检测；三是方便建模，既可以用全谱建模，也可以基于特征波长建模，没有模型移植性不好的问题。众所周知，近红外不能被广泛应用的一个重要原因就是基于近红外建立的模型可移植性不好，或者说传递性不好，基于一种仪器建立好的模型，采用另外一种仪器做检测仪器核心，模型往往就不能用。USB4000 各项性能参数详见表 1-1。

表 1-1 USB4000 参数

USB4000 光谱仪的性能参数	
重量	190 g
尺寸	长 89.1 mm,宽 63.3 mm,高 34.4 mm
技术参数	
探测范围	200～1 100 nm
校正线性度	＞99.8%
像素	3 648 像素
暗噪声	12 RMS counts
像素尺寸	8 μm x 200 μm
输入焦距	42 mm
入光孔径	5，10，25，50，100 或 200 μm 狭缝或者光纤
输出焦距	68 mm
探测器聚光镜选择	可选,L4
杂散光	＜0.05%在 600 nm 处;0.10%在 435 nm 处
光谱分辨率	0.3～10 nm FWHM
动态范围	2 x 108（系统），1 300:1 单次探测
积分时间	10 μs 到 65 min
电子特性	
功耗	90 mA @ 5 VDC
输入/输出	8 个数字、可编程通用输入输出口
连接器	22 针连接器
触发模式	5 种
数据传输速度	全扫描到内存,USB2.0 为 4 ms，串口 300 ms
脉冲功能	单脉冲和连续脉冲

目前 USB4000 已被广泛应用于作物病害、水果可溶性固形物、水产新鲜度和肉类检测中，随着化学计量学算法的不断发展和进步，以及 USB4000 光谱仪制作工艺的不断完善，相信 USB4000 的应用领域会越来越广泛。

（四）高光谱成像检测仪器

近红外高光谱成像检测系统的基本组成部件由步进电机控制的移动平台、镜头、线阵 CCD 相机、光谱仪、光源、数据采集软件和计算机等组成。高光谱成像检测系统除计算机外的全部硬件被置于一个长立方体的黑铁箱子里，采集土壤样本的高光谱成像数据时以减少室内环境光的影响。

光源、光谱仪和CCD探测仪被固定在(高度和方向可根据需要调整,有相应锁紧机构)一个金属做成的支撑框架上面。近红外光谱仪器作为高光谱成像系统的重要核心部件,光源发出的可见近红外光经棱镜—光栅—棱镜后,按照不同波长通过棱镜进行色散,然后通过光谱成像镜头的聚焦作用而形成光谱,这些富含土壤养分信息(如土壤有机质和总氮等)的光谱信号可以通过CCD检测器被探测到,当待测样本在移动平台(速度可以通过软件自动调节)的带动下,相对于光谱CCD相机做平行移动,通过线扫描方式得到土壤样本三维光谱图像,高光谱成像数据每个像素点都有一条连续的光谱曲线,对应每条光谱波长有一个二维的灰度图像。高光谱成像仪的波长范围是900～1 700 nm,光谱分辨率是2.8 nm,共有256个波段。

本书使用功率为50 W的光纤卤素灯,光强可通过光源调节旋钮无级调控,使用两根分支光纤将光源发出的近红外光线信号引出,组成对称光源,2个50 W的卤钨灯光源以45°的角度固定于金属支撑框架。如通过旋钮调节到功率最大光强还达不到要求,高光谱成像检测系统还配置了一对聚光器,可以实现把杂散光聚焦成能量更高的光强,以满足实际使用要求,光源可以提供380～2 000 nm可见和近红外波段的连续和平滑的光谱信息。镜头与土壤样本的直线距离为40 cm。

高光谱成像检测系统采集数据时,软件调试好成像曝光时间、移动平台速度和成像分辨率,采集高光谱成像数据前进行白板校正和暗场校正,以减小CCD相机暗电流和光源光强变化对图像信号的影响。在获取采集参数的过程中,为获得清晰、不失真和不变形的高光谱图像数据,需要对CCD镜头与土壤样本的高度距离、移动平台的速度和镜头的曝光时间等参数进行不断的调节。在进行白板校正时,扫描标准白色校正板,理论认为,白板反射率接近100%,通过白板校正得到白色标定图像(W),然后关闭光源并盖上镜头盖进行黑板校正,理论认为,黑板校正反射率接近0,通过黑板校正采集到黑色标定图像(B)。最终对原始高光谱成像(I_0),根据公式运算得到校正后图像(I)。图1-8为近红外高光谱成像仪器。

$$I = \frac{I_0 - B}{W - B} \times 100 \tag{1-1}$$

获取到土壤样本高光谱成像数据后,需要对高光谱成像数据进行分析,可以根据需要进行图像分析和光谱分析,由于本书尝试采用高光谱成像技术检测土壤养分含量,以土壤有机质为例进行分析,需要对提取土壤样本的光谱数据进行分析。首先,利用遥感成像处理ENVI 4.6软件,在校正后的土壤样本高光谱成像数据中选取椭圆形感兴趣区域(region of interest,ROI;注意感兴趣区域不能含有背景信息,因为背景信息和土壤养分没有任何关联),对提取到的感兴趣区域进行平均运算,得到这个土壤样本的光谱信息。按照这个方法,依次获取每个土壤样本的光谱信息,组成土壤样本的光谱矩阵。之后的分析处理就是光谱分析处理内容,比如先对光谱进行预处理，再进行特征波长提取，然后基于全谱或者特征波长建立预测模型。

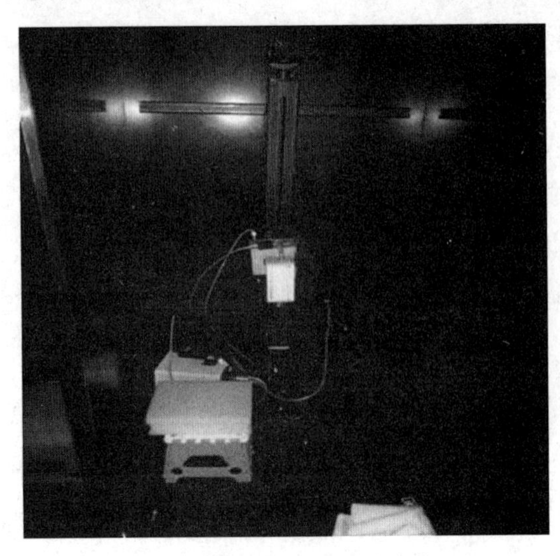

图 1-8　近红外高光谱成像仪

第二章　光谱技术和图像技术的应用

第一节　光谱数据预处理方法

在获取光谱数据的过程中，由于检测仪器在采集数据过程中容易受到杂散光、样本背景、电噪音和仪器性能等因素的干扰，因此获取到的原始光谱数据存在大噪声。为了建立稳定的数学预测模型，需要对原始光谱进行预处理或者提取特征波长，消除或减弱各种非目标因素对光谱的影响，提高光谱数据的信噪比，尽可能地去除无信息变量对模型的影响。

一、Savitzky-Golay 卷积平滑算法

光谱平滑预处理的目标是去除随机高频误差，通过对某波长点前后几个波长点进行平均或者拟合，来得到该波长点的运算值。如果原始光谱数据存在高频噪声，采用平滑算法消除高频噪声的影响是比较理想的，通过对一定窗口范围内的波长数值进行拟合或者平均运算，以获取该波长点的最佳运算估值，减少噪声对该波长点数值的干扰，提高信噪比。在光谱分析中常用的平滑方法有 Savitzky-Golay 卷积平滑法。

Savitzky-Golay 卷积平滑算法由 Savitzky 和 Golay 提出，以解决移动平均平滑法(Moving Average)存在的问题。Savitzky-Golay 卷积平滑算法在对原始光谱进行处理时，不再使用简单的平均法，通过采用最小二乘拟合系数建立滤波函数，对移动窗口内的波长点数据进行多项式最小二乘拟合。

以下为二项式拟合的表达式：

$$\hat{X}_i = a_0 + a_1\lambda_i + a_2\lambda_i^2 \tag{2-1}$$

式中，$\hat{X}_i$ 为 Savitzky-Golay 卷积平滑算法建立二次拟合曲线后中心点位置得到的拟合值，a_0、a_1、a_2 是二项方程式系数。待定二项方程式系数求解过程采用最小二乘法，如下所示：

$$\varepsilon = \sum_{j=i-n}^{i+n} (\hat{X}_i - X_j)^2 = \sum_{j=i-n}^{i+n} (a_0 + a_1\lambda_j + a_2\lambda_j^2 - X_j)^2 \tag{2-2}$$

令 $\frac{\alpha\varepsilon}{\alpha a_i} = 0$，并联立求解方程组可得到二项式系数。

二、基线校正算法

基线漂移是光谱仪采集数据过程中容易出现的问题之一，会导致某一波段的光谱朝单一方向倾斜的现象，让光谱图像不那么明朗，对后续的定性定量分析均会产生一定影响，因此需要基线校正。基线校正是利用数学方法对存在基线漂移的光谱数据进行处理，消除或者减小基线漂移，让光谱图像更加清晰明朗，光谱数据更加精炼。基线校正的通用公式为式(2-3)。

$$S_C = S - B \tag{2-3}$$

式中，S_C 是校正光谱，S 是原始光谱，B 为基线估计值。从通用公式可以得出其余所有的基线校正方法均是拟合估计值 B 来进行优化，对不同的基线漂移需要不同的拟合估计值。

本书采用迭代多项式拟合算法进行基线校正，最小二乘多项式拟合是迭代多项式拟合算法的核心，在整个迭代过程中，每次迭代的初始值均与最小二乘多项式拟合值进行对比，通过阈值 ξ 判断每个值的去留，通过调整阈值 ξ 让基线拟合值 B 更加趋近于真实的基线，主要做法如下：

(1)先将原始光谱数据 S 赋值给 B_0，采用最小二乘多项式法去拟合 B_0，再计算这个多项式的各个值的 b_n 得到 B_n，再将 B_n 与 B_0 的各个值依次进行对比，若 B_n 的值大于 B_0 则将 B_0 赋值给 B_n，反之则 B_n 不变。

(2)将第一步的 B_0 和 B_n 求相对误差，并与阈值 ξ 进行比较，若大于阈值 ξ 则进行下一轮的迭代，再次进行第一步，直到相对误差的值小于阈值 ξ 则停止迭代，得到基线估计值 B。

(3)带入基线校正通用公式，得到校正光谱。

三、多元散射校正

多元散射校正(multiplicative scatter correction，MSC)的原理是通过对每个波长点进行散射校正，来获取理想光谱，校正和减弱光在不均匀性样本表面散射引起的光谱变化差异。多元散射校正是一种常用的光谱预处理方法，用于校正光谱的分散效果，减少光谱基线漂移情况的发生。

多元散射校正具体的计算过程如下：

把整个未知试样的光谱 $A(\lambda)$ 变换成假想的基准粒度的光谱 $A_0(\lambda)$，根据最小二乘法指定 α 和 β 值，设定两个因子的推定值分别为 α' 和 β'，由公式 $A(\lambda) = a_0 A_0(\lambda) + \beta + e(\lambda)$ 可得到

以下变换式：

$$A_0(\lambda) = \frac{[A(\lambda) - \beta']}{\alpha'} \tag{2-4}$$

获取 α' 和 β' 的光谱数据可以使用所有土壤样本的平均光谱，如下所示：

$$A_0(\lambda) = \bar{A}_j = \sum_{i=1}^{n} \frac{A_i}{n} \tag{2-5}$$

线性回归方程为

$$A_i = a\bar{A}_j + \beta \tag{2-6}$$

式中，A_i 表示第 i 个样本的光谱，A 为建模集光谱数据，通过最小二乘回归可求得 α 和 β 。

四、标准正态变量变换

变量标准化(standard normal variate,SNV)光谱预处理算法类似于多元散射校正，也可用来校正土壤颗粒大小、光程变化和表面散射所带来的影响，以及由此所引起的光谱噪声，是一种面向行的数学转换函数，算法如下：

新值=(现值－均值)/标准方差(STDEV)

由于变量标准化预处理方法是对每条光谱单独进行校正，在样本光谱之间差异比较大，如样品颗粒大小不均匀造成光谱差异大的情况下，比较适合采用变量标准化光谱预处理算法。

五、微分算法

在近红外光谱微分预处理分析方法(下面简称为“微分预处理分析法”)中主要应用一次及二次微分：$\frac{dA(\lambda)}{d\lambda}$ 和 $\frac{d^2A(\lambda)}{d\lambda^2}$，在大多数场合它们被简单记成 dA 和 d^2A 或者一阶(1st Der)和二阶(2nd Der)，对于透射光谱是 $d[\lg(1/T)]$ 、$d^2[\lg(1/T)]$ ，对于反射光谱是 $d[\lg(1/R)]$ 、$d^2[\lg(1/R)]$ 。微分预处理分析法是一种常见的光谱预处理算法，它可以把隐藏的和微弱的有效光谱信息放大，把有用信息提取出来，被广泛应用在光谱分析中。

微分预处理分析法可以减少由于光照角度、光程、样本表面不均匀等原因造成的光谱基线漂移。微分预处理分析法对基线的变动具有一定的清除效果，经过一阶微分预处理就可以完全消除。

进行一阶微分预处理时，光谱中原始光谱曲线的峰值变成了零点，而在原峰值两侧的拐点处分别出现了正的或者负的峰值。与一阶微分相比，在二阶微分光谱中，尽管符号出现了反转，但原始峰值的波长点处仍然是微分光谱峰值，因此可以比较方便地把握原始光谱曲线的变化趋势。

Savitzky-Golay 卷积微分算法利用最小二乘拟合导数系数，可以比较有效地避免因光谱求导导致结果失真的问题。因此采用 Savitzky-Golay 卷积求导法实现一阶和二阶求导光谱预处理。

六、小波变换

小波变换（wavelet transform，WT）用于光谱数据压缩和消噪的研究近年来十分活跃，小波变换是一种时频分析法，其中连续小波变换是一种基于给定小波基函数的积分变换。小波基函数定义如下：

$$\psi_{a,\tau}(t)=\frac{1}{\sqrt{a}}\psi(\frac{t-\tau}{a}),(a,\tau\in \mathrm{R};a>0) \tag{2-7}$$

其中，a 为尺度因子，也叫伸缩因子；τ 为平移因子。域函数 $f(t)$ 在上述小波基下的连续小波变换展开式为

$$WT_f(a,\tau)=\langle f(t),\psi_{a,\tau}(t)\rangle=\frac{1}{\sqrt{a}}\int_{\mathrm{R}} f(t)\ \psi^*(\frac{t-\tau}{a})\mathrm{d}t \tag{2-8}$$

尺度因子 a 表示频率的参数，平移因子 τ 表示时间或空间位置。

当尺度因子增加时，相应的频率窗变窄，时间窗变宽。小波变换具有多分辨率特性、低熵性、基函数选择灵活和去相关性等特点，在高频范围内分辨率高，在低频范围内频率分辨率低的优点，适宜分析任意尺度的信号。

此外，对满足条件的小波变换，可由该变换重构原信号，实现滤波降噪，其逆变换公式为

$$f(t)=\frac{1}{C_\psi}\int_0^{+\infty}\frac{\mathrm{d}a}{a^2}\int_{-\infty}^{+\infty}WT_f(a,\tau),\psi_{a,\tau}(t)=\frac{1}{\sqrt{a}}\psi(\frac{t-\tau}{a})\mathrm{d}\tau \tag{2-9}$$

其中，小波基函数应满足的条件为 $C_\psi=\int_{\mathrm{R}}\frac{|\hat{\psi}(\omega)|^2}{|\omega|}\mathrm{d}\omega<\infty$ 。

七、归一化

归一化（normalization）算法有最大归一化、平均归一化、面积归一化和矢量归一化法等。在近红外光谱分析中，比较常用的归一化是矢量归一化算法。取一条光谱，其数据表达为 $x(1\times m)$，其矢量归一化算法公式为

$$\boldsymbol{X}_{norm}=\frac{x-\overline{x}}{\sqrt{\sum_{k=1}^{m}x_k^2}} \tag{2-10}$$

其中，$\overline{x}=\frac{\sum_{k=1}^{m}xk}{m}$，$m$ 为波长数，$k=1,2,\cdots,m$。矢量归一化算法常被用于校正由微小光程差异

而引起的光谱变化。

八、去趋势算法

去趋势(detrending)算法用结合 SNV 算法使用,也可以单独使用,被用于消除漫反射光谱的基线漂移。去趋势算法原理是按多项式(如二元多项式)将光谱 $\boldsymbol{x}$ 和波长 $\boldsymbol{y}$ 拟合一条趋势线 $\boldsymbol{d}$,将光谱 $\boldsymbol{x}$ 减去 $\boldsymbol{d}$。

九、正交信号校正

正交信号校正法(orthogonal signal correction, OSC)是基于理化值(浓度阵)参与的光谱预处理算法。正交信号校正法的基本原理是在创建预测模型前,通过正交投影去除光谱数据中与浓度值(也称为样品的理化值)无关的信息,然后采用相应建模方法进行多元建模分析,期望达到优化模型的同时,增强模型预测的能力。

十、均值中心化

均值中心化(mean centering)算法是利用光谱减去校正集的平均光谱。均值中心化变换后校正集光谱数据 $\boldsymbol{X}$(样本数 $n\times$波长点数 m)的列平均值为零。采集均值中心化算法将光谱的变化与待测理化值(浓度值)的变化进行关联,在建模前,采用均值中心化能够增加样本光谱相互间差异表现,因此可以起到提高模型的预测能力和稳定性作用。在使用均值中心化对光谱矩阵进行变换预处理时,同时也对理化值(浓度值)也进行均值中心化处理。计算校正集样本光谱的平均光谱的公式为

$$\bar{\boldsymbol{x}}:\bar{\boldsymbol{x}}_k=\frac{\sum_{i=1}^{n}\boldsymbol{x}_{i,k}}{n} \tag{2-11}$$

式中,n 为校正集样本数量,$k=1,2,\cdots,m$,m 为波长点数。然后对未知样本光谱 $x(1\times m)$,通过公式获取均值中心化处理后的光谱 $\boldsymbol{x}_{\mathrm{cent}}=\boldsymbol{x}-\bar{\boldsymbol{x}}$。

十一、标准化

标准化(scaling)方法也称为均值方差化,是用 mean centering 预处理后的光谱再除以校正集光谱数据的标准偏差光谱。

计算样本校正集标准偏差光谱 $\boldsymbol{s}$:

$$S_k=\sqrt{\frac{\sum_{i=1}^{n}(\boldsymbol{x}_{i,k}-\bar{\boldsymbol{x}}_k)^2}{n-1}} \tag{2-12}$$

式中,n 为校正集样本数,$k=1,2,\cdots,m$,m 为波长点数。

标准化预处理后的光谱矩阵：

$$x_{\mathrm{scal}} = \frac{x - \bar{x}}{s} \tag{2-13}$$

经过标准化处理后的光谱，其方差为1，列均值为零，由于标准化算法对光谱矩阵中所有波长变量赋以相同的权重，因此对低浓度成分建立预测模型比较有用。

第二节　多元校正计量学方法

化学计量学是一门融合统计学、数学和计算机等科学从化学测量数据中提取有用信息的新兴的交叉学科。建模是指将光谱数据和理化值数据建立对应关系，用于预测样品的理化值。

大量化学计量学方法被写成软件，成为分析仪器如近红外光谱仪的重要组成部分，如Unscrambler软件和Matlab软件，界面如图2-1和图2-2所示。

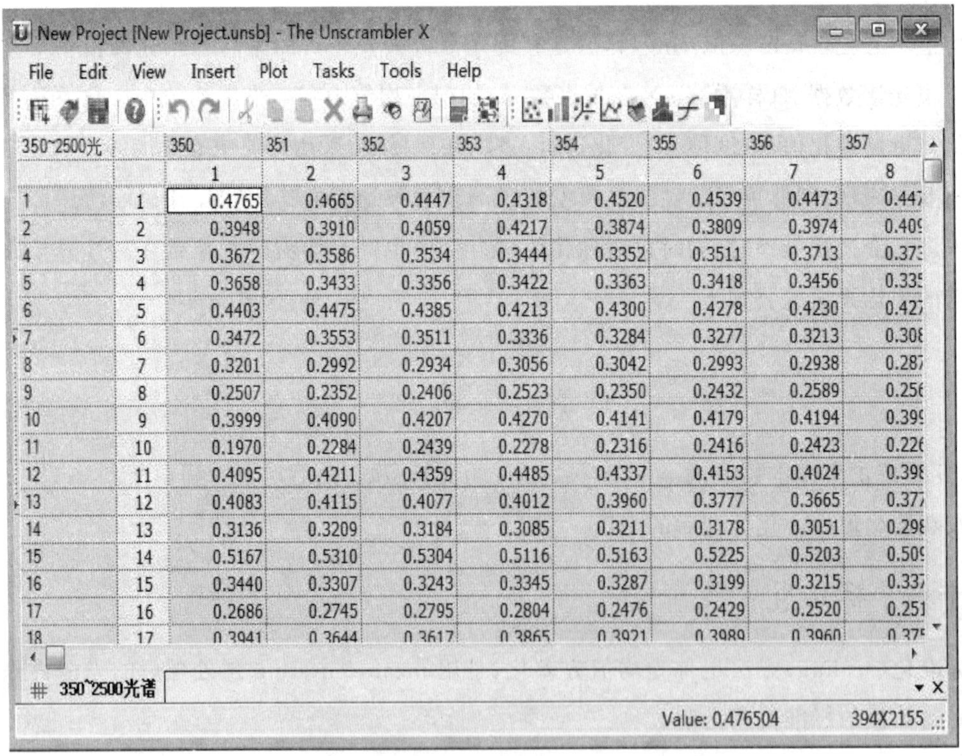

图 2-1　Unscrambler 软件运行界面

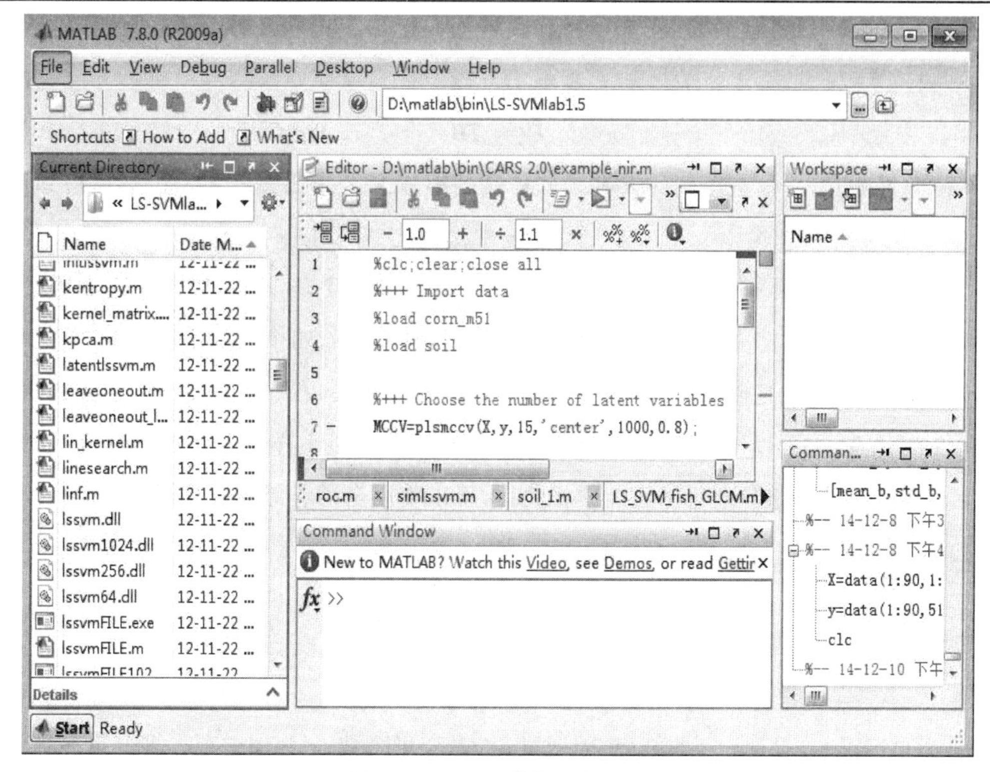

图 2-2　Matlab 软件运行界面

一、主成分回归

主成分回归(principal component regression,PCR)建模方法是通过转换光谱数据矩阵得到具有正交关系的主元(或称为主成分),同时去除无用的信息,保留原始光谱的主要有用信息,以主成分建立多元线性回归模型。主成分回归模型的特点是利用了全部光谱矩阵数据,将具有相关性的波长点压缩于一个独立变量中,建模回归方程,通过内部检测机制防止模型过适应性和过拟合现象的发生,建立模型时,要同时参考光谱数据和理化值数据。

二、偏最小二乘回归

偏最小二乘回归是最为常用的化学计量学建模方法。同时考虑光谱矩阵 $\boldsymbol{X}$ 和样本理化值 $\boldsymbol{Y}$,建立预测模型,通过降维运算获取潜在变量,消除光谱无用的变量。

偏最小二乘回归建模的第一步是矩阵分解,公式如下:

$$Y = UQ + F \tag{2-14}$$

$$X = TP + E \tag{2-15}$$

其中,$\boldsymbol{P}$ 为 $\boldsymbol{X}$ 矩阵载荷矩阵,$\boldsymbol{Q}$ 为 $\boldsymbol{Y}$ 矩阵的载荷矩阵,$\boldsymbol{T}$ 为 $\boldsymbol{X}$ 矩阵的得分矩阵,$\boldsymbol{U}$ 为 $\boldsymbol{Y}$ 矩阵的得分矩阵,E 和 F 分别为偏最小二乘回归拟合 $\boldsymbol{X}$ 和 $\boldsymbol{Y}$ 时所引进的误差。

偏最小二乘回归的第二步，将 $\boldsymbol{T}$ 和 $\boldsymbol{U}$ 作线性回归运算。其中 $\boldsymbol{B}$ 为关联系数矩阵：

$$\boldsymbol{B} = \boldsymbol{TU}(\boldsymbol{TT})^{-1} \tag{2-16}$$

$$\boldsymbol{U} = \boldsymbol{TB} \tag{2-17}$$

在模型预测时，由校正得到的 $\boldsymbol{P}$ 和未知样品的矩阵 $\boldsymbol{X}_{未知}$ 求出矩阵 $\boldsymbol{T}_{未知}$。然后得到：

$$\boldsymbol{Y}_{未知} = \boldsymbol{T}_{未知}\boldsymbol{BQ} \tag{2-18}$$

PLS 建模时要选择合适的建模集和预测集，一般比例为 2∶1，同时确定合适的因子数，一般设置 20 即可。在 Unscrambler 里运行 PLS，会返回四个图，四个图都比较重要，左上角是与潜在变量有关，右上角是回归曲线，左下角是和预测误差相关，右下角是模型的主要评价指标。

PLS 的优点：①可以用于复杂的分析体系；②比较适用于小样本多元数据分析；③模型得到的潜在变量与被测组分理化值或性质相关；④可以使用全谱或部分谱数据。

三、多元线性回归

多元线性回归的基本形式为

$$y = \beta_0 + \beta_1 x_1 + \beta_2 x_2 + \cdots + \beta_p x_p + \varepsilon \tag{2-19}$$

其中，x 为自变量；β 是回归系数；y 是因变量；p 是变量个数；ε 为误差项。多变量多样本的多元线性回归可表示为

$$\boldsymbol{Y} = \boldsymbol{X\beta} + \varepsilon \tag{2-20}$$

式中

$$\boldsymbol{X} = \begin{bmatrix} 1 & x_{11} & x_{12} & \cdots & x_{1p} \\ 1 & x_{21} & x_{22} & \cdots & x_{2p} \\ \vdots & \vdots & \vdots & & \vdots \\ 1 & x_{n1} & x_{n2} & \cdots & x_{np} \end{bmatrix}, \boldsymbol{Y} = \begin{bmatrix} y_1 \\ y_2 \\ \vdots \\ y_n \end{bmatrix}, \beta = \begin{bmatrix} \beta_0 \\ \beta_1 \\ \vdots \\ \beta_p \end{bmatrix}, \varepsilon = \begin{bmatrix} \varepsilon_1 \\ \varepsilon_2 \\ \vdots \\ \varepsilon_n \end{bmatrix}$$

采样样本值一定，即光谱矩阵 $\boldsymbol{X}$ 和理化值 $\boldsymbol{Y}$ 已知，建模时，当 $\boldsymbol{X}'\boldsymbol{X}$ 满秩时，逆矩阵 $(\boldsymbol{X}'\boldsymbol{X})^{-1}$ 存在，计算得到回归系数估计值 $\hat{\beta}$，建立 MLR 模型。

$$\hat{\beta} = (\boldsymbol{X}'\boldsymbol{X})^{-1}\boldsymbol{X}'\boldsymbol{Y} \tag{2-21}$$

四、最小二乘支持向量机

最小二乘支持向量机（LS-SVM）参数 σ^2 和 γ 的最优组合建模时交叉验证预测均方根误差（RMSEC）获得稳定值。LS-SVM 建模过程是一个不断寻优的过程，搜索最优变量遵从特定的寻优机制和算法。LS-SVM 模型算法如下：

设建模集样本为

$$D = [(x^k, y^k) \mid k = 1, 2, \cdots, N], x^k \in \mathrm{R}^n, y^k \in (-1, 1)$$

其中，$\boldsymbol{x}$ 是光谱矩阵，$\boldsymbol{y}$ 是理化值或浓度值。

在权重 w 空间中可以作如下公式描述问题：

$$\min J(\boldsymbol{w},e)=\frac{1}{2}\boldsymbol{w}^{T}+\frac{1}{2}\gamma\sum_{k=1}^{N}e_{k}^{2} \tag{2-22}$$

模型的约束条件为

$$y_{k}=\boldsymbol{w}^{T}\varphi(x)+b+e_{k}(k=1,\cdots,N)$$

其中，$\varphi(x)$ 为核空间映射函数，误差变量 $e_{k}\in \mathrm{R}$，权向量 $\boldsymbol{w}\in \mathrm{R}^{n}$，$\gamma$ 是可调超参数，b 是偏差量。

$$L(\boldsymbol{w},b,e,\alpha)=J(\boldsymbol{w},e)-\sum_{k=1}^{N}\alpha_{k}[\boldsymbol{w}^{T}\varphi(x_{k})+b+e_{k}-y_{k}] \tag{2-23}$$

其中，$\alpha_{k}(k=1,2,\cdots,N)$ 是拉格朗日乘子。根据优化条件

$$\begin{cases}\dfrac{\partial L}{\partial w}=0\rightarrow \boldsymbol{w}=\sum_{k=1}^{N}\alpha_{k}\phi(x_{k})\\ \dfrac{\partial L}{\partial b}=0\rightarrow \sum_{k=1}^{N}\alpha_{k}\\ \dfrac{\partial L}{\partial e_{k}}=0\rightarrow \alpha_{k}=\gamma e_{k}(k=1,\cdots,N)\\ \dfrac{\partial L}{\partial \alpha_{k}}=0\rightarrow \boldsymbol{w}^{T}\varphi(x_{k})+b+e_{k}-y_{k}=0(k=1,\cdots,N)\end{cases} \tag{2-24}$$

可得

$$\begin{bmatrix}0 & \vec{1}^{T}\\ \vec{1} & \Omega+\gamma^{-1}I\end{bmatrix}\begin{bmatrix}b\\ \alpha\end{bmatrix}=\begin{bmatrix}0\\ y\end{bmatrix} \tag{2-25}$$

式中，$y=[y_{1},\cdots,y_{N}]^{T}$，$\vec{1}=[1,\cdots,1]$，$\alpha=[\alpha_{1},\cdots,\alpha_{N}]^{T}$，$\Omega=(\Omega_{kl}\mid k,l=1,\cdots,N)$

核函数 $\Omega_{kl}=\varphi(x_{k})^{T}\varphi(x_{l})=K(x_{k},x_{l})(k,l=1,\cdots,N)$ 是满足 *Mercer* 条件的对称函数。核函数有许多种，本书 *LS-SVM* 采用的是 *RBF* 核函数：

$$K(x,x_{k})=\exp\frac{-||x-x_{kl}||^{2}}{\sigma^{2}} \tag{2-26}$$

最后可得 *LS-SVM* 拟合模型：

$$y(x)=\sum_{k=1}^{N}\alpha_{k}K(x,x_{k})+b \tag{2-27}$$

五、BP 神经网络

人工神经网络的发展到目前为止已有半个世纪之久了，与 *LS-SVM* 一样，是化学计量学

常用的非线性建模方法之一。BP 神经网络是基于误差反向传播算法的多层前向神经网络，由三层体系结构组成，包括输入层、隐含层和输出层。

BP 神经网络算法是正向传播工作信号和误差信号反方向传播的一种监督式学习机制。在正向传播工作信号过程中，输入层的信息经过隐含层逐层运算，向输出层进行传播，当正向的工作信息传播完成后，计算输出值与目标值之间的差，如果比较存在误差，需要记录误差信号并反向输入，修改神经元的权值，权重的校正方向是反向的，这个过程反复多次，直到输出达到期望目标。

上述迭代过程，误差值即迭代参数 δ 很重要，它表示的是节点误差的大小。δ 值越大意味着连接权重也要相应做大的校正。δ 的定义为

$$f'(net_{rh}) = f(net_{pk})[1 - f(net_{pk})] \tag{2-28}$$

$$\delta_{pk} = (t_{pk} - o_{pk}) f'(net_{pk}) \tag{2-29}$$

对于隐含层，δ 的定义为

$$\delta_{pj} = \left(\sum \delta_{pk}\omega_{kj}\right) f'(net_{pj}) \tag{2-30}$$

式中，ω_{kj} 是输出层节点 k 与隐含层节点 j 的连接权重。在误差 δ 的反方向传播中，修正权重可由梯度下降法来完成：

$$\Delta\omega_{ji} = \eta\,\delta_j o_i \tag{2-31}$$

式中，o_i 为下一层节点 i 的实际值，η 为学习速率，δ_j 为上一层节点 j 的误差参数。

为了减少训练时间并增加模型的稳定度，做相应调整：

$$\Delta\omega_{ji}(n+1) = \eta\,\delta_j o_i + \alpha[\omega_{ji}(n) - \omega_{ji}(n-1)] \tag{2-32}$$

式中，α 为初始值的给定。

最终权重的计算公式如下：

$$\Delta\omega_{ji}(n+1) = \omega_{ji}(n) + \Delta\omega_{ji}(n+1) \tag{2-33}$$

隐含层和输入层之间连接权重的调整是一个动态过程，对所有的样本，当误差达到目标值或较目标更小值时，迭代完成。

六、极限学习机

极限学习机(extreme learning machine，ELM)模型是一种相对简单易用且有效的单隐层前馈神经网络学习算法。类似于 BP 神经网格由输入层、隐含层和输出层共三层结构组成，其中隐含层和输入层及输出层实现了神经元全连接。其中，输入层有 n 个输入变量(神经元)；隐含层有 l 个结点(神经元)；输出层对应 m 个输出变量(神经元)。传统的 BP 神经网络算法需要人为设置大量的网络训练参数，并且很容易产生局部最优解。

第三节　特征变量提取方法

在光谱建模分析中，往往是先采用化学计量学方法，从大量的原始光谱数据中挑选出有用波段，称之为关键变量或者特征波长，常用的特征波长选择方法有连续投影算法、无信息变量消除算法、遗传算法、竞争性自适应重加权算法、随机青蛙等，这些特征波长提取方法中哪个算法比较适合提取土壤养分，只有通过比较才能知道，针对不同土壤养分理化值，获取的特征波长也不相同，有些时候基于特征波长建立的模型并不比基于全谱建立的模型更优，但基于特征波长建立的模型，运行效率和模型简化程度是采用全谱建模所不能比拟的，且采用全谱建模也不适于开发便携式土壤养分检测仪器，原因是基于全谱开发的仪器成本高，模型复杂，难以用于实践生产。

一、连续投影算法

由于环境、粒径大小和仪器自身等因素，采集土壤样本光谱数据含有共线性、冗余和噪声等信息存在。连续投影算法（successive projections algorithm，SPA）的优点是从光谱矩阵中选择无共线性和无冗余的特征波长组合，在简化模型复杂度的同时提高建模的运行速度和效率。基于连续投影算法选出特征波长以后，需要结合适当的光谱建模方法进行建模预测。在应用连续投影算法之前，可以先进行光谱预处理，如进行 S-G 平滑、变量标准化、微分和多元散射校正等预处理，然后运行特征波长选择算法。本书利用 Matlab 软件附带的连续投影算法工具箱进行分析，运行界面如图 2-3 和图 2-4 所示。

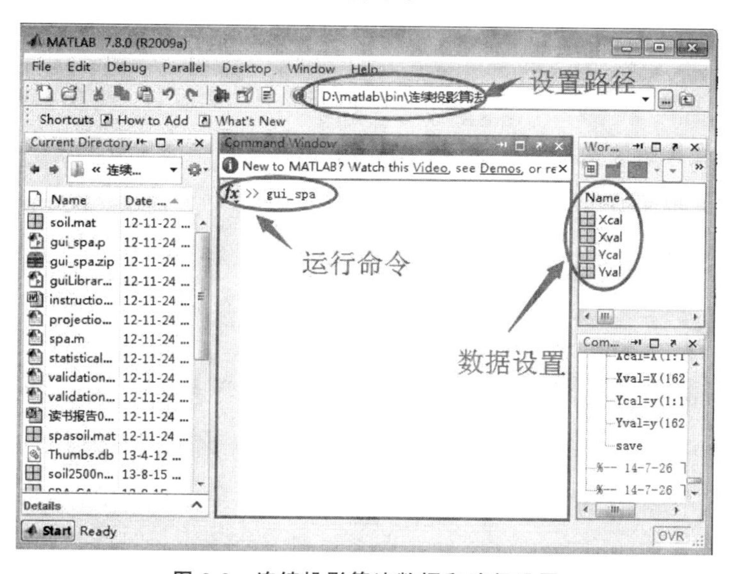

图 2-3　连续投影算法数据和路径设置

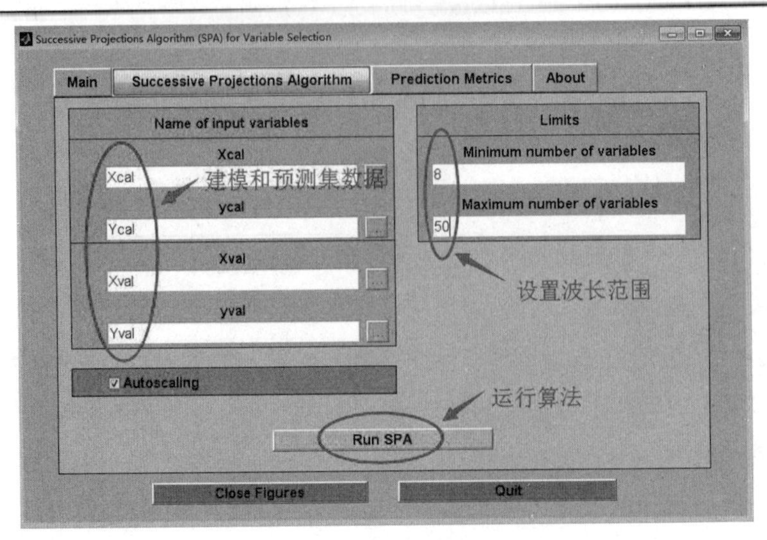

图 2-4　连续投影算法运行界面

二、无信息变量消除算法

无信息变量消除算法(uninformativ variable elimination,UVE)通过把与光谱变量数目相同的随机变量,加入建模光谱矩阵中,建立偏最小二乘回归模型,得到新建 PLS 模型回归系数矩阵 ***B***。计算 PLS 回归系数标准偏差比值 $t\_values = mean(b_i)/SD(b_i)$ 和均值,t_values 是稳定性评价参数,i 为光谱矩阵中第 i 列变量,根据 t_values 值的大小,判断是否将第 i 列光谱变量导入偏最小二乘回归模型中,参与建模。

UVE 的主成分数由偏最小二乘回归模型预测均方根误差决定,当预测均方根误差的值最小且趋于稳定时,选择此时的主成分数和建模变量进一步分析。UVE 分析时,随机变量建模生成两条水平虚线是阈值上限和下限值,虚线之间的变量被认为是无用的变量,或称之为无信息变量,应该被去除或消除,虚线外侧的变量被认为是有用的变量,应该保留,用于建模分析。有些特征波长选择算法是按选择频率大小进行排序选择的,如随机青蛙和遗传算法,选择的特征波长是出现频率最高的那些波长,选择的阈值也是频系值,无信息变量消除算法选择变量是按波长大小排序的,本书 UVE 算法是基于 Matlab 软件 UVE 工具箱运行的。

三、遗传算法

遗传算法(genetic algorithm,GA)是一种通过模拟生物进化随机寻优求解的常用算法,光谱矩阵存在信息冗余、重叠和共线性等影响因素,利用遗传算法选择变量与浓度值最相关的波长用于建模,可提高模型精度同时可以简化模型。GA 最早由密歇根大学 J. Holland 教授于 1975 年提出,随着时间的推移,功能逐步完善。

遗传算法具有自学习性、自适应性和自组织性,具体包括:①从问题解的串集开始搜索,而非单个解，覆盖面大，有利于全局寻优；②直接对结构对象进行操作，定义域可以任意设定，算法应用范围大；③采用概率化的寻优方法，能自适应地调整搜索方向；④具有隐秘特性，能够对搜索空间多个可能的解进行表达，减少很多其他算法经常会陷入的局部最优解风险；⑤通过自行组织搜索使个体适应度提高，使得该变量生存概率变高，对进化运算过程中得到的有效信息，本书基于 Matlab 语言的遗传算法工具箱运行。

(1)对“染色体”进行编码。

用二进制方法对每一个样本光谱点进行编码，将每一个样本光谱点赋值为一个二进制编码，这个编码就是“染色体”，在遗传的过程中“染色体”变异与否判断结果是否会改善。

(2)适应度函数。

适应度函数包括最大值问题和最小值问题，目标函数最小值问题：

$$\mathrm{Fit}[f(x)] = \frac{1}{1+c+f(x)}(c \geqslant 0, c+f(x) \geqslant 0) \tag{2-34}$$

目标函数最大值问题：

$$\mathrm{Fit}[f(x)] = \frac{1}{1+c-f(x)}(c \geqslant 0, c-f(x) \geqslant 0) \tag{2-35}$$

(3)选择算子。

通过上述过程得到初始种群后，通过遗传算子迭代产生下一代，淘汰适应性差的，保留适应性优质的。主要包括选择、变异等。选择算子就是通过选择算法对种群个体进行选择，利用适应度函数计算出当代种群的每个个体的适应度，并由该适应度判断个体的优劣程度，从而选择是否保留该个体。

(4)交叉算子。

交叉算子就是从当前种群中任意挑选两个个体作为父代，再将这两个父代个体的染色体进行交叉，即选择一部分父代个体的编码进行交换，得到两个新的个体，也称为子代，按交换方式的不同可以分为单点交叉、多点交叉等。

(5)变异算子。

变异算子是改变染色体的编码，虽然基因突变的概率较小，但数量大，概率小，依然在每一代都会有发生，变异的发生是随机的，产生的结果也是随机的，变异结束后需要验证其结果的好坏。常用的变异方法有非均匀变异、基本位变异和均匀变异等。

通过上述步骤得到的子代均通过适应度算法验证其优劣度，并通过适应度来进行优胜劣汰，从而得到一组或多组优质子代。

四、竞争性自适应重加权算法

竞争性自适应重加权算法(competitive adaptive re-weighted sampling，CARS)是通过模

仿达尔文的演化理论中“适者生存”的原则编写的算法，是基于蒙特卡罗采样和偏最小二乘模型回归系数的特征波长选择改进的方法，即每次利用指数衰减函数(exponentially decreasing function，EDF)与自适应重加权采样技术(adaptive re-weighted sampling，ARS)结合的方法挑选出 PLSR 模型中回归系数绝对值大的变量点，去除权重值较小的变量点，利用交叉验证法选出 N 个 PLS 子集模型中 RMSECV 最小的子集，这些子集所包含的变量即为最优变量组合。具体算法如下：

(1)首先进行蒙特卡罗采样：每次从建模集样本中随机抽取 80%左右的样本建立偏最小二乘回归模型。

(2)利用指数衰减函数去除变量：光谱数据设为 $Ax \times y$，其中 x 是样本数量，y 是光谱波段数量也称为变量，样本的理化值为 $Nx \times 1$，回归模型则为：

$$Y = X\boldsymbol{b} + \varepsilon \tag{2-36}$$

其中，回归系数 b 是一个 y 维的系数矩阵，ε 是残差。其中 b 中第 i 个元素的回归系数绝对值为 $|b_i|$ $(1<i<y)$，其含义为第 i 个波段对模型的权重、贡献度，回归系数绝对值越大表示这个波段越重要，权重越高，贡献越大。利用指数衰减函数去除变量，去除的就是回归系数绝对值小的变量，在第 i 次采样后，波长的保存率由下式计算出：

$$r_i = a\varepsilon^{-ki} \tag{2-37}$$

其中，a 和 k 均是常系数。a 可以由式子(2-37)计算出。

$$a = \left(\frac{p}{2}\right)^{\frac{1}{N-1}} \tag{2-38}$$

$$k = \frac{\ln \frac{p}{2}}{N-1} \tag{2-39}$$

其中，ln 表示自然对数，通过这一步运算后大量无关变量都被去除。

(3)采用自适应重加权算法对第二步留存的波长进行进一步筛选，模拟达尔文的“适者生存”理论，该算法根据权重大小来判断生存力的强弱，权重的计算公式如下：

$$\boldsymbol{w} = \frac{|b_i|}{\sum_{i=1}^{p} |b_i|} (i = 1,2,3,4\cdots,p) \tag{2-40}$$

如第二步一样回归系数绝对值越大表示其生存力越好，越容易被选中，回归系数越小则生存力越小，越容易被淘汰。

(4)重复进行 x 次后得到了 x 个波长子集，通过计算对比每次采样后的子集的交互验证均方根误差，挑选出均方根误差最小的子集为最优子集。

五、随机青蛙

随机青蛙(random frog)是一种类似于可逆跳转马尔可夫链蒙特卡洛(reversible jump

Markov chain Monte Carlo,RJMCMC)的算法，通过模拟一条服从稳态分布的马尔可夫链，来计算每个变量的被选择概率，从而进行重要变量的选择。random frog 与 PLS 方法相结合，PLS 模型返回结果中，根据回归系数曲线上每个变量的绝对值大小作为每次迭代过程中该变量是否被选择或者剔除的依据。

第四节　判别模型建立方法

一个模型的性能需要相应的评价指标进行评价，只有这样，各个模型才有可比性，只有得分高、评价好的模型方法，才可能被选为建模方法。

常用的模型评价标准有校正均方根误差(RMSEC)、预测均方根误差(RMSEP)、决定系数(R^2)、相对分析误差(RPD)等。

一、决定系数

决定系数(R^2)计算公式如下：

$$R^2 = \left[1 - \frac{\sum_{i=1}^{N}(y_i - \hat{y}_i)^2}{\sum_{i=1}^{N}(y_i - \bar{y})^2}\right] \times 100\% \tag{2-41}$$

式中，n 表示样本数量，$\bar{y}$ 为样本理化值的平均值，$\hat{y}$ 为模型对未知样本预测值，y_i 为样本实际化学测量值。决定系数 R^2 值越大越好，最大值不能超过 1，越接近 1 表示模型预测能力越强。

二、校正预测均方根误差

校正预测均方根误差的公式如下：

$$RMSEC = \sqrt{\frac{1}{n_c - 1} \cdot \sum_{i=1}^{n_c} (y_i - \hat{y})^2} \tag{2-42}$$

其中，n_c 为校正集样本数量，y_i 为校正集化学测量值，$\hat{y}$ 为模型对未知样本预测值。校正预测均方根误差是一个反映样本测量值和预测值离散程度的指标，其数值相对于样本理化值越小，说明模型越好，模型越稳定。

三、预测均方根误差

采用预测或者检测数据组对模型预测结果进行评价的指标是预测均方根误差，其表达式如下所示，

$$RMSEP = \sqrt{\frac{1}{n_p - 1} \cdot \sum_{i=1}^{n_p} (y_i - \hat{y})^2} \tag{2-43}$$

式中，y_i 为该组中样本点实际测量值，n_p 为检验测试数据组大小，$\hat{y}$ 为建立回归模型后所得预测值。*RMSEC* 和 *RMSEP* 越接近说明模型稳定性越好。

四、相对分析误差

相对分析误差(也称为残余预测偏差)(residual predictive deviation，RPD)可以用于对模型预测效果和精度的进一步评价，残余预测偏差是独立预测集中实验室样本标准偏差相对于均方根误差的比值，它是预测精度增加的一个因素，表达如下：

$$RPD = SD/RMSEP \tag{2-44}$$

式中，*SD* 是样本标准偏差，*RMSEP* 是预测标准误差。

比较已建立的不同校准方法，除了主要考察评价指标预测集的均方根误差预测，还要考察评估残余预测偏差 *RPD*。残余预测偏差分类：*RPD* 在 2 到 2.5 之间，是很好的模型，可以定量预测，*RPD* 大于 2.5 表明是极好的预测；*RPD* 在 1.8 到 2 之间是好的模型，使定量预测成为可能；*RPD* 在 1.4 到 1.8 之间表明模型或预测是清楚的，可以用来评估和关联；*RPD* 在 1 到 1.4 之间表明是劣等的模型或预测，只有高值和低值可以区别出来；*RPD* 低于 1 表明是非常劣等的模型或预测，不推荐使用。

第三章　基于光谱技术的土壤养分检测

第一节　土壤测定方法

一、土壤有机质含量的测定

土壤有机质是作物生长的基础性物质，参与作物生长的全过程，土壤有机质含量是动态的，不同时间段土壤有机质含量会有所变化。可采用重铬酸钾氧化法测量。土壤有机质检测时，在过量硫酸存在下，使用氧化剂重铬酸钾（或铬酸）氧化土壤有机碳，剩余的重铬酸钾用标准硫酸亚铁溶液回滴，通过消耗的重铬酸钾量来计算土壤有机碳量。这种检测方法操作快速、简便，适用于大量样品的分析，且土壤中的碳酸盐无干扰作用。

土壤有机质含量可以用土壤中有机碳比例（也称为换算因数）乘以有机碳百分数来表达。其换算因数随土壤有机质的含碳率变化。我国目前沿用 Van Benmmelen 因数 1.724。

图 3-1　土壤有机质含量测定用到的仪器

二、土壤中氮、磷和钾的测定

土壤中氮(总氮和速效氮)的作用是促进作物的叶、根和茎的生长,是作物生长品质决定性因素,土壤中氮含量的丰缺直接影响作物的产量,土壤中的磷和钾有增强作物抗寒、抗旱、抗病能力和抗倒伏作用,还能调节作物新陈代谢功能,调节作物和农田的酸碱平衡。

(一) 土壤中总氮的测定

总氮测量采用干烧法,用干烧法测量氮素是杜马斯在 1831 年创立的,也被称为杜氏法。干烧法的基本过程:把样品放在燃烧管中,燃烧时通入用以净化的 CO_2 气体,以 600 ℃以上的高温与氧化铜一起燃烧,燃烧过程中会产生氧化亚氮(主要是 N_2O),气体通过灼热的铜还原为氮气(N_2),燃烧过程中产生的 CO 则通过氧化铜转化为 CO_2,再将得到的 N_2 和 CO_2 混合气体通过氢氧化钾溶液,通过化学反应去除 CO_2,然后利用氮素计来测定氮气体积。

图 3-2　土壤中总氮含量的测定

(二) 土壤中速效钾的测定

以冷的 2 mol·L^{-1} HNO_3 作为浸提剂与土壤(水土比为 20 : 1)振荡 0.5 h 以后,立即过滤,溶液中的钾直接用火焰光度计测定。本法所提的钾量大于速效钾,它包括速效钾和缓效钾中的有效部分,故称为土壤有效性钾。

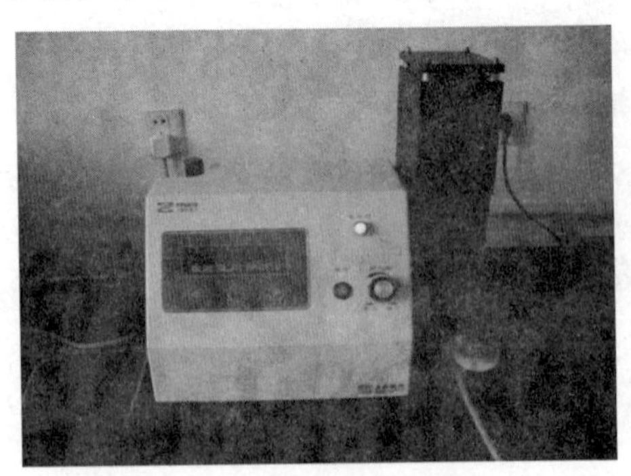

图 3-3　土壤中速效钾含量的测定

（三）土壤中速效磷的测定

土壤中磷的有效性是指土壤中存在的磷能被植物吸收利用的程度，有的比较容易，有的则较难。这里就涉及强度、容量、速率等因素。土壤中速效磷的含量是指能被作物吸收的磷的含量，本书检测土壤中速效磷的含量的方法为最普遍的化学速测方法，即用提取剂提取土壤中的有效磷。

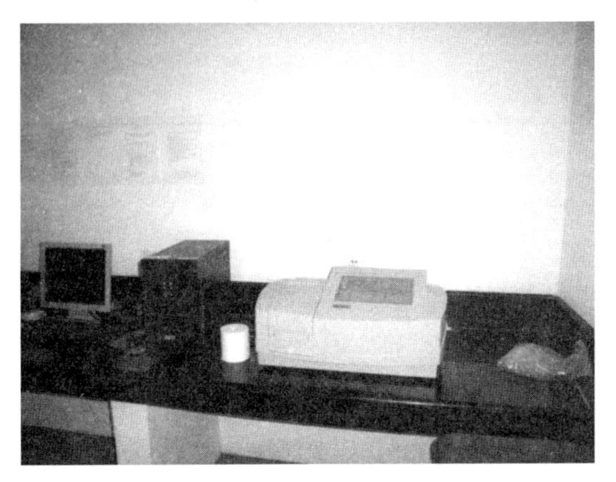

图 3-4　土壤中速效磷含量的测定

第二节　基于光谱和高光谱成像技术土壤有机质及土壤类型测定

土壤有机质的含量是判断土壤肥力丰缺的重要指标之一，土壤有机质是作物生长全过程所必需的营养物质，是土壤中各种养分，特别是氮和磷的重要来源，测定土壤的有机质含量，对正确施肥和保护环境等方面的研究有很强的现实意义。土壤有机质能吸附土壤中较多的阳离子，具有一些胶体特征，因此，土壤具有缓冲性和保肥力，使土壤保持疏松状态，有利于作物生长，土壤有机质可以改善土壤的物理性状。传统的土壤有机质含量测定一般用化学分析方法，其缺点为分析速度慢、损害环境，单项目分析，不能够满足快速、实时、低成本和无污染检测土壤养分（如土壤有机质含量）的实际需求。近红外光谱检测技术因其低成本、对环境友好，原位检测、快速和多项目同时检测等特点，在土壤有机质含量检测研究领域报道较多，得到了快速发展。

一、统计化学方法测定样本有机质含量

采用传统化学方法测量土壤有机质含量前，土壤样本经过了 2 mm 过筛处理，令其在电热恒温鼓风干燥箱内 60 ℃风干 12 h 以上，取 6～10 g 土壤样本，采用重铬酸钾法测定其有机质

含量。在对土壤有机质进行测量时，由于人为失误，存在 6 个异常样本，在建模时，将这 6 个异常样本剔除，对剩余的 394 个样本进行下一步的建模分析，土壤样本被随机分为两组，一组数量为 263 个，用于校正集，另一组数量为 131 个，用于独立预测集，如表 3-1 所示。

表 3-1　校正集和预测集土壤有机质统计分析

属性	样本数/个	最小值	最大值	平均值	标准偏差
建模集(OM %)	263	0.30	4.80	2.36	0.51
预测集(OM %)	130	1.22	4.28	2.37	0.49

二、采集土壤样本光谱

使用美国 ASD 公司生产的 350～2 500 nm 波长范围近地光谱仪采集土壤样本光谱，采集土壤原始数据前，打开光源开关，为保证光源更加稳定，光源打开后，要求光源预热至少 15～30 min，然后将土壤放入圆形玻璃培养皿中，确保土壤表面平整，为减少环境光对光谱数据的影响，将光谱仪探头插入土壤样本内部。为了尽量减小环境光、仪器本身和土壤粒径大小等因素的影响，每个样本采集 10 条光谱取平均值作为该样本的光谱数据。

三、遗传算法结合连续投影算法近红外光谱检测土壤有机质

分别对原始光谱进行一阶微分、多元散射校正和标准正态变量变换预处理，从而确定较优的光谱预处理方法。采用 PLS 建模方法对这些预处理后的光谱进行建模分析，结果见表 3-2，通过比较，采用原始光谱建模结果最优，出现这种结果的原因是采集光谱时，由于探头直接插入土壤中，完全不受环境光的影响，加之土壤经过烘干和过筛处理，散射影响也较小，因此，后面的遗传算法分析以原始光谱为基础进行。

表 3-2　PLS 模型光谱三种不同预处理结果

参数	预处理	建模集			预测集		
		R^2_{Cal}	*RMSEC*	*RPD*	R^2_{Pre}	*RMSEP*	*RPD*
OM(g/kg^{-1})	None	0.86	0.19	2.68	0.88	0.17	2.88
	SNV	0.83	0.21	2.43	0.84	0.20	2.45
	MSC	0.81	0.22	2.32	0.82	0.20	2.45
	SG＋1st derivative	0.82	0.21	2.43	0.78	0.23	2.13

本研究采用 PLS 建模，模型评价指标有剩余预测偏差(*RPD*)、决定系数(R^2)和预测均方根误差(*RMSEP*)。

遗传算法是一种自适应的全局概率搜索算法，根据遗传机制和自然选择，通过比较、选择和交换等算法的操作，随着不断遗传迭代，使目标函数值较优的变量被保留，较差的变量被剔除，从而达到最优的结果。

本书还利用连续投影算法选择特征波长，是在遗传算法基础上，应用连续投影算法进行选择，这样结合的好处是综合了遗传算法和连续投影算法的优点，使得被选择的变量冗余度可以达到最小。

（一）遗传算法选取特征波长

本书采用 Matlab 软件自带的工具箱，采用偏最小二乘建立预测模型，遗传算法返回结果如图3-5和图3-6所示。运行遗传算法后，查看变量空间会新增三个变量参数，分别为 *sel*、*fin* 和 *b*。

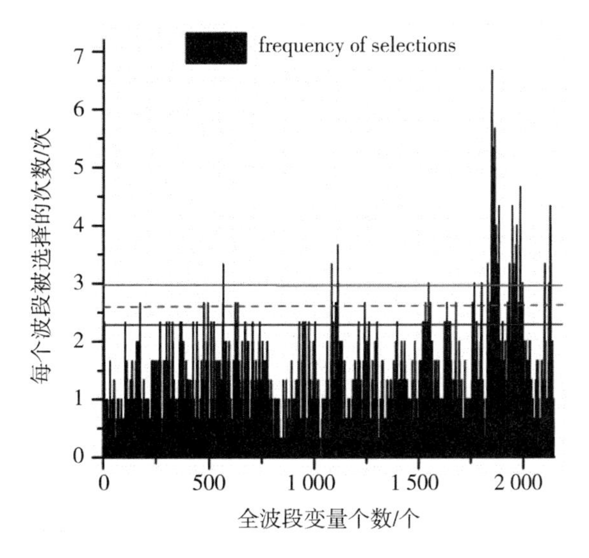

图 3-5　基于遗传算法变量被选频率

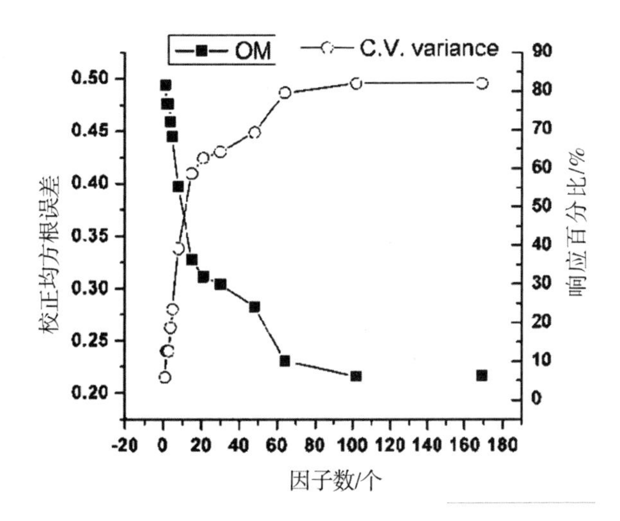

图 3-6　基于遗传算法预测均方根误差和变量响应百分比

参数 *sel* 为波长频率值，即波长被选中频率次数，数值次序和参数 *b* 中的数值次序是一一对应关系。参数 *fin* 返回结果共有 4 行向量，第 4 行表示校正均方根误差(*RMSEC*)，与第一行用变量数量建模能够达到预测精度一一对应。第 3 行表示建模所用的因子数也是与第 1 行用变量数量建模能够达到预测精度一一对应。第 2 行表示响应百分比(*response*)，第 1 行表示所用变量数。*b* 为按频率排序选出的具体波长点，排第一的为被选择次数最多的波长点。图 3-5 中三根横线分别表示取不同数量波长的阈值，高于横线对应频率值的变量将被用于建立模型。本书中最下面的横线表示取波长数为 167，中间的横线表示取波长数为 102，最上面的横线表示取波长数为 64，这三个数值位于参数 *fin* 中第 1 行最后。可以看出，频率阈值越大，所选择的变量数越少。

由图 3-6 可知，当采用 102 个和 169 个变量建模时，对应的预测误差和预测响应精度分别为 0.22 和 81.99，0.22 和 81.97，当采用 64 个变量建模时，模型的预测误差和预测响应精度分别为 0.23 和 79.51。本书选择中间虚线对应的频率取建模变量，即取 102 个变量，用于遗传算法结合连续投影算法，进行进一步分析。

（二）遗传算法结合连续投影算法选取特征波长

贡献点波长选择是建立稳定的数学模型的基础，为了进一步简化模型，本书在遗传算法基础上，再采用连续投影算法选取特征波长。原始波长变量数由 2 151 个经过遗传算法选择后变为 102 个，每个波长都对应一个反射率，被选择的这 102 个波长按频率由高到低顺序排列，图 3-7 为这 102 个波长的反射率曲线，横坐标按波长被选择的频率大小排序，18 个特征变量用方框表示，在 102 个变量基础上进一步采用连续投影算法后，筛选得到 18 个特征波长。采用连续投影算法后，极大地简化了模型。选择出 18 个特征波长后再继续导入偏最小二乘模型建模，以进行下一步的分析。图 3-8 是 18 个特征波长对应的 *RMSEP* 值。

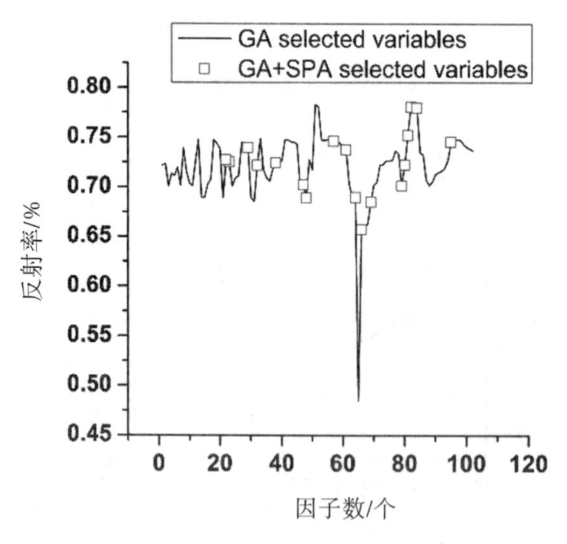

图 3-7 遗传算法结合连续投影算法选择特征波长

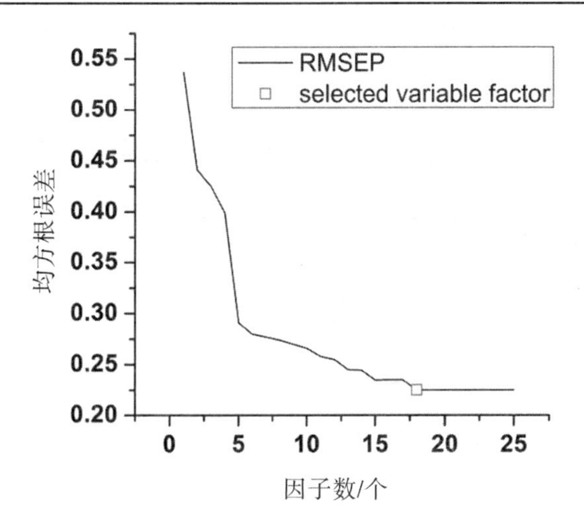

图 3-8　遗传算法结合连续投影算法选择特征波长数对应 *RMSEP* 值

由表 3-3 可以看出，遗传算法运算后，再应用连续投影算法选择的特征波长建立的模型更简单，模型预测精度和全谱建模几乎一样。说明遗传算法得到的 102 个特征波长并不是最优组合波长点组合，还存在冗余波长点和信息重叠，连续投影算法去除了冗余信息的同时还使模型得到了简化，减少了运算量，连续投影算法选择的特征波长更具有代表性。如 2 106 nm、823 nm波长、2 149 nm 波长与基团 NH_2 相关，1 431 nm 波长、1 460 nm 波长、914 nm 波长、1 903 nm波长与羟基(ROH)相关，2 027 nm 波长与基团仲酰胺($CONH_2$)相关，2 194 nm 波长与基团芳羟(ArCH)相关，等等。

表 3-3　不同光谱数据 PLSR 模型土壤有机质建模集和预测集模型评价结果

光谱数据	因子数/个	建模集			预测集		
		R^2	*RMSEC*	*RPD*	R^2	*RMSEP*	*RPD*
Raw spectra	12	0.86	0.19	2.68	0.88	0.17	2.88
Raw +GA	12	0.83	0.22	2.31	0.84	0.20	2.45
GA+SPA	12	0.81	0.22	2.31	0.83	0.20	2.45

采用遗传算法运算后，再采用连续投影算法挑选出 18 个特征波长建模，采用 PLS 建立预测模型，独立预测集决定系数为 0.84，预测均方根误差为 0.20，剩余预测偏差为 2.45。

(三) 小结

通过连续投影算法降低了偏最小二乘模型的运算量。连续投影算法高度概括了绝大多数样品光谱的信息，去除了冗余信息，避免了信息重叠，简化了模型。

选择的 18 个特征波长与土壤有机质相关基团密切相关，说明原始光谱依次经过遗传算法和连续投影算法后选择的 18 个特征波长更具有代表性，可以用来建立土壤有机质预测模型。

四、基于近红外光谱的不同波段检测土壤有机质

常用光谱建模波段有全谱、特征波段、有效波长、潜在变量和主成分因子等，但这些方法却表现出不同的预测精度，预测结果差异较大，为开发土壤参数便携式仪器打下坚实基础，如何针对检测土壤有机质含量来选择最优输入还需进一步研究明确，下面介绍两种光谱压缩方法和有效波长提取方法，得到相对模型输入，采用 LS-SVM 建模方法分析测量土壤有机质含量，并对不同建模方法进行比较，以期为土壤参数测定便携式仪器的开发奠定基础。

（一）建模集和预测集的划分

土壤样本总数为 394 个，分为校正集和预测集，其中校正集样本数量为 263 个，另外 131 个土壤样本用于预测集，以验证模型的性能。

（二）PLS 潜在变量和主成分因子的获取

主成分分析是经典的特征提取和光谱降维技术之一，本书利用主成分分析对光谱数据进行分析，运算生成的前三个主成分可以表达全部光谱信息的 98%以上，其中 PC_1 为 74%，PC_2 为 14%，PC_3 为 10%。为了表达几乎 100%的光谱信息，本书选取主成分分析得到的前 5 个主成分，作为偏最小二乘回归模型的输入，另外采用偏最小二乘回归方法建模得到的 6 个潜变量（LVs）作为 LS-SVM 的输入，前 6 个潜变量可以极大简化模型，且能表达 100%光谱信息，替代原始光谱参与建模。通过主成分分析和偏最小二乘回归建模获取主成分变量和潜在变量。

（三）不同波段建模研究

模型的评价指标分别为决定系数和预测均方根误差。通过 PLS 模型得到回归曲线，人为提取波峰或波谷极值，作为有效波长，如图 3-9 所示，共有 16 个有效波长（EWs），选择有效波长基于这样一种假设：在回归系数的波峰或波谷极值处所在波长点，含有与理化值相关的有用信息。为了比较不同建模方法对土壤样品有机质含量测定的效果，对 LS-SVM-PCs、LS-SVM-LVs 和 LS-SVM-EWs 建模方法所得模型结果进行评价，见图 3-10 和图 3-11。

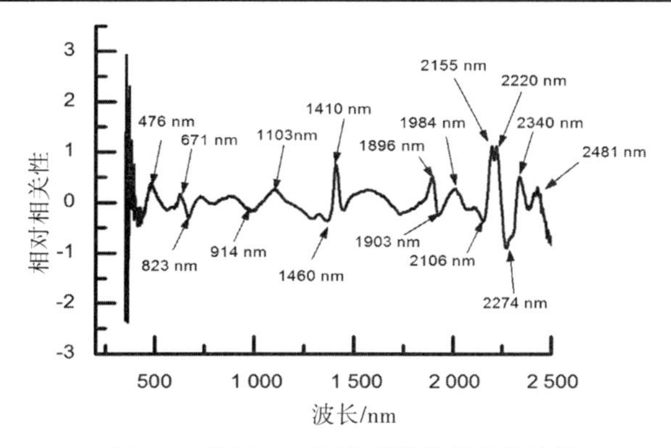

图 3-9 基于 PLS 回归系数选择有效波长

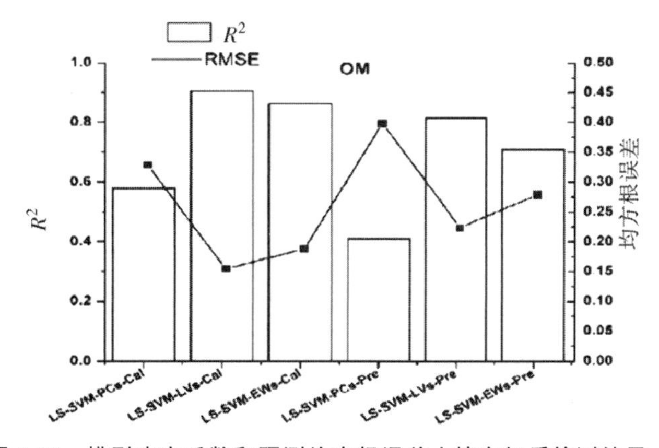

图 3-10 模型决定系数和预测均方根误差土壤有机质检测结果

分析建模集和预测集相关评价指标,LS-SVM-LVs 的决定系数值均最高,预测均方根误差值均最小。说明以潜在变量为模型输入,优于其他方法,LS-SVM-LVs 模型优于其他模型。

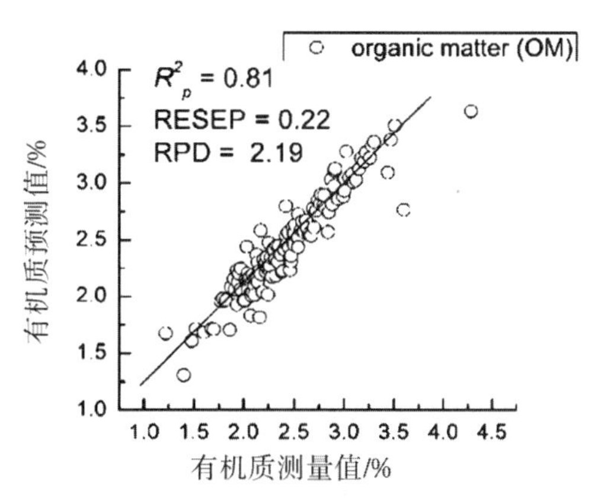

图 3-11 LS-SVM-LVs 有机质测量值和预测值散点图

(四) 小结

分别将主成分、潜在变量和有效波长作为 LS-SVM 模型输入,并对三种输入方式进行比较分析。对于土壤有机质来说 LS-SVM-LVs 结果优于 LS-SVM-EWs 和 LS-SVM-PCs,而

LS-SVM-EWs 的结果优于 LS-SVM-PCs 的。

五、基于高光谱成像技术检测土壤有机质

高光谱成像分析技术同时拥有光谱分析技术和图像分析技术，像素点信息采集可以精确至纳米级，是具有采集原始数据量大、无污染、检测过程无损、样品无须预处理等优点的绿色检测技术。由于近红外光谱分析技术只能获得样本的光谱信息，获取的是点信息，无法获取样本的平面信息和空间信息，导致获取的信息代表性不足，而高光谱成像分析技术可同时获取检测对象的光谱信息、平面信息和空间信息，在更大范围内得到样本的内外部信息，获取到的信息更全面、更具体和更准确。

（一）试验样本和方法

对土壤样本进行磨细、过筛 2 mm 和烘干水分等处理，在实验室 200 ℃左右条件下放置 24 h，采用重铬酸钾氧化法测量土壤中的有机质。土壤样本有机质含量校正集和预测集统计结果见表 3-4。

表 3-4　土壤有机质含量建模集和预测集统计

属性	样本数/个	最小值	最大值	平均值	标准偏差
建模集（OM/%）	120	1.22	4.80	2.63	0.64
预测集（OM/%）	60	1.24	4.45	2.69	0.65

（二）高光谱成像系统

高光谱成像系统主要由芬兰 Specimen 公司的 N17E-QE 成像光谱仪（光谱分辨率为 5 nm，用于获取 874～1 733 nm 共 256 个波段范围内的高光谱成像）、线阵 CCD 摄像机、线光源（可以提供近红外波段范围），电控移位平台，暗箱和计算机组成。

在采集土壤样本高光谱成像数据时，为避免成像采集时环境光的干扰，关掉室内日光灯，将土壤样本放在一个表面涂有黑漆的密闭铁柜中。打开近红外光源，采集数据之前，为保证光源更加稳定，预热 20 min，将装有土壤样本的玻璃器皿放在输送装置平台上，每次采集 6 个样本，3 排，每排 2 个样品。采集数据前，调试曝光时间和平台传输速度，以确保采集到的图像清晰、不变形。图像质量与三个参数有关，分别是镜头到平台的垂直距离、平台运行速度和曝光时间，故需要不停地调试，这个过程所用时间有时比较长，完全凭借经验和感觉。经过多次调整及参数优化，最终确定物镜高度为 30 cm，曝光时间为 2 800 us，平台移动速度为 35 mm/s。采集数据时，样本在输送平台的作用下作垂直于摄像机的纵向移动，最终完成 3 排土壤样本成像的采集。

用于采集高光谱成像数据的软件是 Spectral Image-V17E，主成分分析和提取光谱的操作

基于 ENVI 4.6、Matlab 2010 及 Origin 8.0 软件平台。高光谱图像的每个像素点的光谱与图像之间都有着对应的关系，与此同时，在土壤样品上选取 ROI 感兴趣区域，提取所有点的光谱，以其平均值作为这个样本的最终光谱。

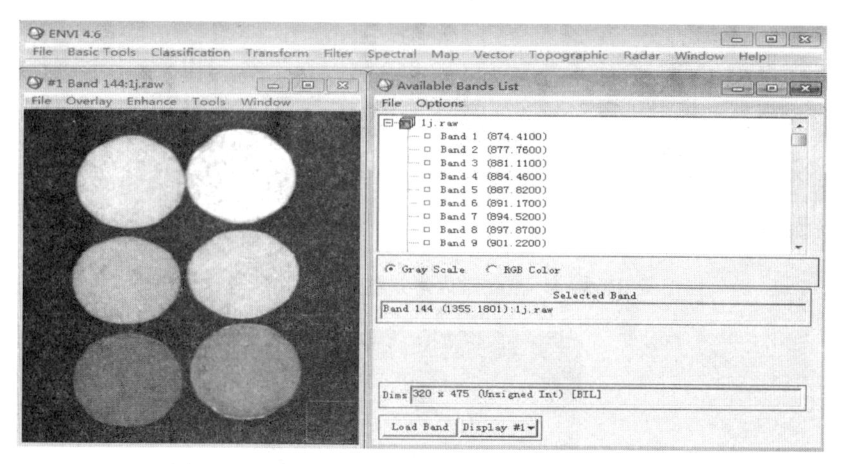

图 3-12　ENVI 4.6 软件界面(874 nm～1 733 nm)

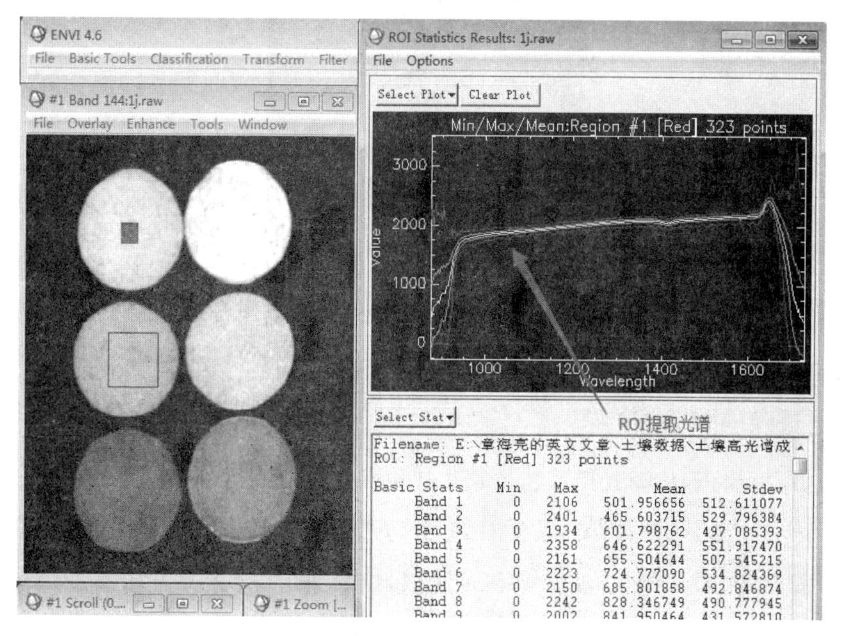

图 3-13　通过 ROI 提取光谱曲线

扫描标准校正白色板，反射率为 99%，采集得到标定图像 W；然后盖上 CCD 镜头，采集得到标定图像 B；根据下面公式计算校正后的高光谱成像数据：

$$R = \frac{I - B}{W - B} \tag{3-1}$$

式中，B 为全黑的标定图像，I 为原始高光谱图像，R 为标定后的高光谱图像，W 为全白的标定图像。

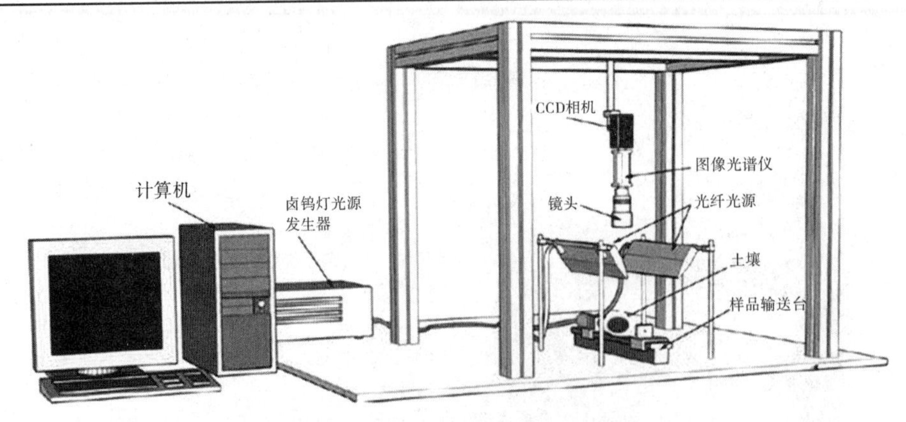

图 3-14 高光谱成像系统检测土壤原理

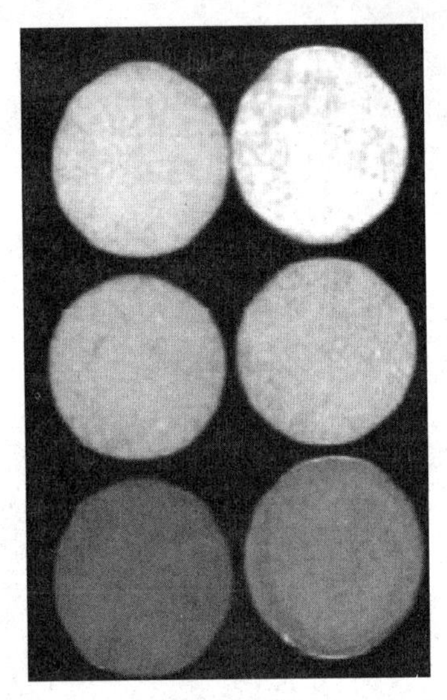

图 3-15 单波段成像(1 716 nm)

(三) 光谱噪声的去除

尽管经过白板校正,从高光谱成像数据中提取到的光谱由于各种因素的存在还是有噪声的,要减小噪声对光谱分析的影响,需要对这些噪声进行处理,以提取和突出光谱的有效信息。本书分别采用S-G平滑算法,小波变换和多元散射校正算法等去噪算法对光谱进行处理,并对三种去噪声算法进行比较。

(四) 特征波长选择

从原始高光谱成像中提取的大量光谱数据存在模型复杂、计算量大的问题,且光谱信息之间存在大量的共线性和冗余信息,需要把隐藏在光谱中的有效信息提取出来。本书采用连续投影算法和遗传算法进行特征波长的提取,以减小共线性和冗余信息的影响,达到简化模型和减小计算量的目的。连续投影算法是一种特征波长前向选择算法,在光谱特征波长提取中被广泛应用。连续投影算法的优点是可以从光谱矩阵中选择无共线性和无冗余的特征波长组合，在简化模型的同时提高建模的运行速度和效率。运行遗传算法时，将种群大小设置为30，变异概率设置为0.01，交叉概率设置为0.50，迭代次数设置为100次。通过运行遗传算法100次，选择频率最高的波长组合为特征波长。

（五）建模分析方法

本书基于全谱建立PLS分析模型，分别基于特征波长建立BP神经网络和最小二乘支持向量机分析模型。偏最小二乘回归是通过建立光谱数据与土壤有机质理化值之间的回归模型进行分析的。

BP神经网络在回归分析中应用广泛。本书中BP神经网络包括输入层、单隐含层和输出层3层。

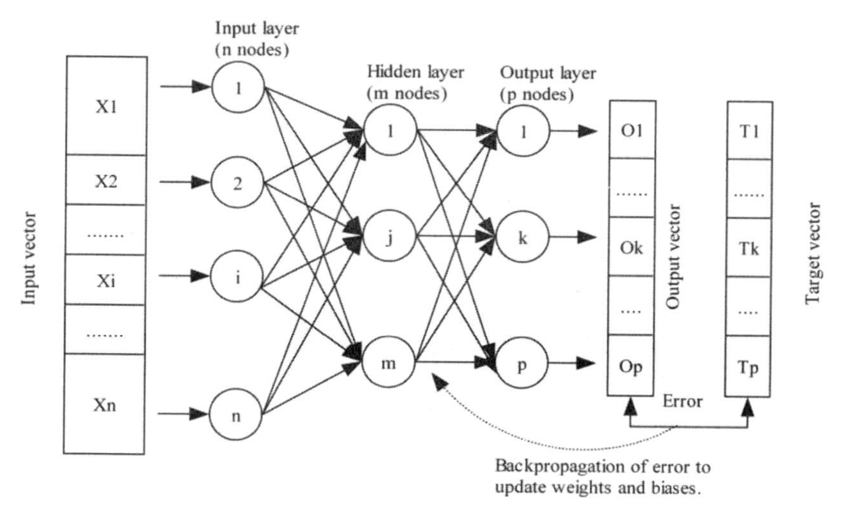

图3-16　BP神经网络原理

最小二乘支持向量机建模时利用了径向基函数的内核，参数σ^2和γ的最优组合被选中，预测均方根误差建模时交叉验证获得稳定值。LS-SVM建模过程是一个不断寻的优过程，搜索最优变量遵从特定的寻优机制和算法。

（六）结果与讨论

1. ROI光谱提取与分析

高光谱成像可以表达样本的平面信息和空间信息，土壤表面每个像素点都有一根光谱与之对应，为了确保获得的光谱能够代表测试样本，需要对土壤表面一定区域面积的所有像素点光谱取平均值，以均值作为测试样本的光谱，本书中ROI由约100个像素点组成。观察光谱区域，发现在光谱前端和后端有较明显的噪声，除去前端和后端光谱噪声较为明显的光谱区域，选取941～1 713 nm范围的光谱进行下一步的分析。

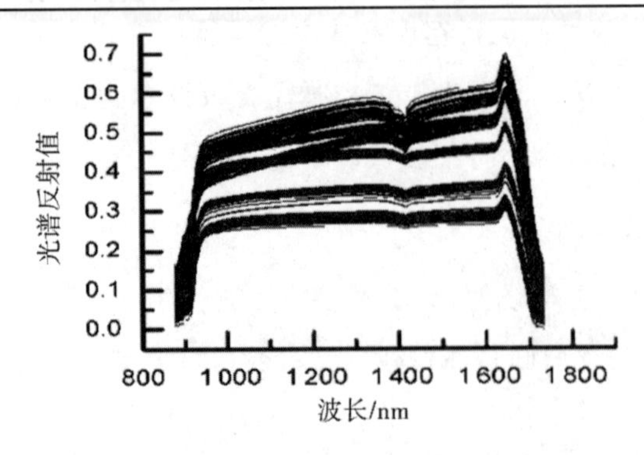

图 3-17　高光谱成像 ROI 提取的原始光谱

2. 光谱噪声的去除

分别采用 S-G 平滑算法，小波变换和多元散射校正三种方法对原始光谱进行预处理分析，分别从预处理后的光谱矩阵中任取一条光谱，原始光谱曲线和预处理后的光谱曲线见图 3-18。

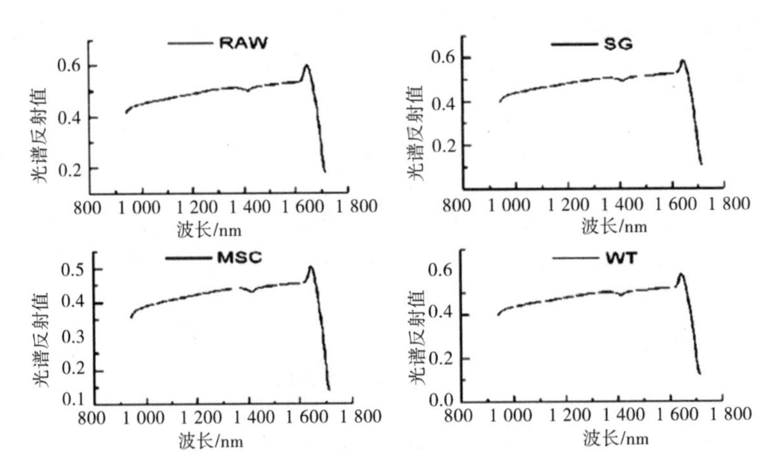

图 3-18　不同光谱的去噪声结果

3. 基于全波段光谱的偏最小二乘回归模型

原始光谱经过前面三种光谱预处理方法预处理后，分别采用偏最小二乘回归建立预测模型，三种模型结果见表 3-5。

表 3-5　偏最小二乘回归模型分析结果

光谱预处理方法	因子数/个	建模集			预测集		
		R^2	*RMSEC*	*RPD*	R^2	*RMSEP*	*RPD*
SG	6	0.75	0.31	2.06	0.68	0.36	1.80
MSC	10	0.78	0.30	2.13	0.69	0.35	1.85
WT	9	0.74	0.32	2.00	0.65	0.38	1.71

由表 3-5 可知，基于多元散射去噪后的光谱效果最好，建模集结果最高。基于 MSC 去噪后的光谱取得了最佳的 PLS 分析结果，但是预测集的决定系数为 0.69。小波变换方法虽然去除了原始光谱中的部分噪声，但也消除了部分光谱的有用信息，导致偏最小二乘回归模型效果最不好。

4. 特征波长选择

分别基于连续投影算法和遗传算法，在全谱范围内选择特征波长。选出的特征波长数量见表 3-6。

表 3-6　连续投影算法和遗传算法选择的特征波长数量/个

特征波长选择方法	SG	MSC	WT
SPA	7	5	6
GA	33	30	31

由表 3-6 可知，利用遗传算法选择的特征波长数量明显要多于利用连续投影算法选择的波长数量。比较两种特征波长的选择方法，基于 S-G 平滑预处理后的光谱选择的特征波长数量多，而基于多元散射预处理后的光谱选择的特征波长数量少。连续投影算法原理是对选择的波长按贡献值的大小进行排序筛选，连续投影算法选择特征波长在原始光谱曲线上的位置见图 3-19，选择光谱数据中含有最低限度冗余信息的波长点数据，从而避免信息重叠。

遗传算法是通过波长点被选频率来确定建模变量的数量的，如图 3-20 所示，图中有两条虚线，下面那条代表模型预测精度是最优的，代价是被选择用于建模的波长数量也会相应增多，上面那条代表模型预测精度可以被接受，用于建模的波长数量要明显少于上面那条横线确定的建模变量数。

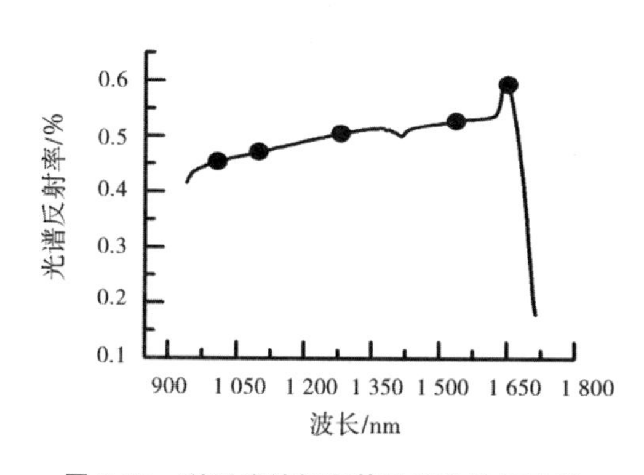

图 3-19　利用连续投影算法挑选特征波长

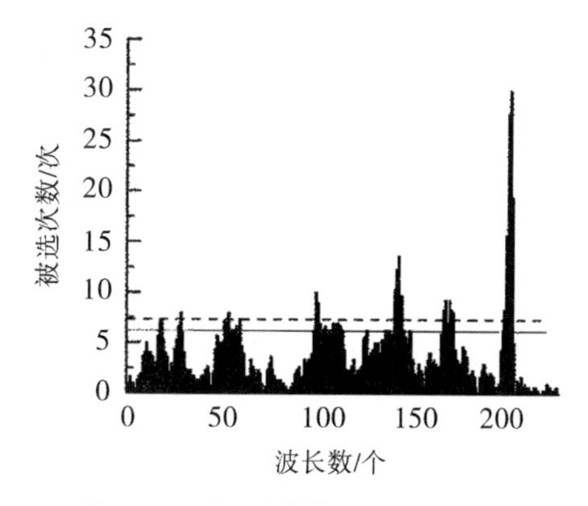

图 3-20　利用遗传算法挑选特征波长

本书选择下面那条线所对应的波长数量来建立预测模型，优先考虑模型精度，模型复杂度次之。在 Matlab 命令窗口运行命令：[b，fin，sel]＝gaplssp(data，100)。需要说明的是：必须进到遗传算法工具箱路径，否则运行命令不会被执行；参数 100 表示迭代次数，次数越多，选出的变量数可能会越少，参数值越大，运行时间越长，一般情况下，设置参数为 100 就可以了。返回结果：参数 *fin* 为求出的具体波长点；参数 *b* 为按频率排序选择的波长点，排第一的波长点是被选择次数最多的波长点；*sel* 为波长点被选频率值，其数值与参数 *b* 中的数值是一一对应的关系。

5. 基于特征波长建立 BP 神经网络校正模型

基于特征波长建立 BP 神经网络校正模型的计算结果如表 3-7 所示。

表 3-7　BP 神经网络模型结果

预处理	SPA						GA-PLS					
	建模集			预测集			建模集			预测集		
	R^2	*RMSEC*	*RPD*	R^2	*RMSEC*	*RPD*	R^2	*RMSEC*	*RPD*	R^2	*RMSEC*	*RPD*
SG	0.78	0.31	2.06	0.74	0.33	1.96	0.79	0.30	2.13	0.76	0.32	2.03
MSC	0.79	0.29	2.20	0.75	0.32	2.00	0.80	0.28	2.28	0.78	0.30	2.16
WT	0.77	0.32	2.00	0.73	0.34	1.91	0.78	0.31	2.06	0.75	0.33	1.97

从表 3-7 可以看出，采用遗传算法提取的特征波长经多元散射校正预处理后，所提取的特征波长建立的 BP 神经网络模型的效果最好，建模集的决定系数为 0.79，均方根预测误差为 0.29，剩余预测偏差为 2，预测集的决定系数为 0.78，均方根预测误差为 0.30，剩余预测偏差为 2.16。采用 SPA 选择的基于 WT 预处理光谱的特征波长取得了相对较差效果，建模集的决定系数为 0.77，均方根预测误差为 0.32，剩余预测偏差为 2，预测集的决定系数为 0.73，均方根预测误差为 0.34，剩余预测偏差为 1.91。比较两种特征波长提取方法得到的变量建立的 BP 神经网络模型，基于遗传算法提取到的特征波长建立的 BP 神经网络的效果，要优于基于连续投影算法提取特征波长建立的 BP 神经网络模型。单独比较三种预处理方法对 BP 神经网络模型效果影响可知，基于多元散射校正预处理后光谱建立的模型取得了最佳的预测效果。

6. 基于特征波长的 LS-SVM 模型

LS-SVM 模型预测结果见表 3-8。经多元散射校正预处理后，采用两种特征波长提取方法提取特征波长建立的 LS-SVM 模型均优于基于 S-G 平滑预处理和基于 WT 预处理建立的 LS-SVM 模型的预测结果，基于 WT 预处理后采用连续投影算法提取特征波长建立的 LS-SVM 模型结果相对较差。基于遗传算法的 LS-SVM 模型的模型预测结果要优于基于连续投影算法的 LS-SVM 模型。比较不同预处理方法可以看出，基于多元散射校正预处理后提取的特征波长建立的 LS-SVM 模型取得了最佳的模型预测结果。

表 3-8　LS-SVM 模型分析结果

预处理	SPA						GA-PLS					
	建模集			预测集			建模集			预测集		
	R^2	*RMSEC*	*RPD*	R^2	*RMSEC*	*RPD*	R^2	*RMSEC*	*RPD*	R^2	*RMSEC*	*RPD*
SG	0.80	0.29	2.21	0.77	0.33	1.96	0.79	0.30	2.13	0.76	0.30	2.16
MSC	0.81	0.28	2.28	0.78	0.30	2.16	0.82	0.27	2.37	0.78	0.29	2.24
WT	0.79	0.30	2.13	0.76	0.34	1.91	0.78	0.32	2.00	0.75	0.31	2.09

7. 偏最小二乘回归模型，BP 神经网络模型和 LS-SVM 模型的比较

综合比较偏最小二乘回归模型，BP 神经网络模型和 LS-SVM 模型的预测效果可知，LS-SVM 模型的效果最优，偏最小二乘回归模型的预测效果最差。比较三种光谱预处理方法，经多元散射校正预处理的光谱建立的模型取得了最优的效果。经 WT 预处理后建立的所有模型中，偏最小二乘回归模型、BP 神经网络模型和 LS-SVM 模型的效果都较差。基于 MSC 算法预处理的光谱提取出的特征波长建立的 LS-SVM 模型取得了最佳效果，LS-SVM 建模集的决定系数为 0.82，均方根预测误差为 0.27，剩余预测偏差为 2.37，预测集的决定系数为 0.78，均方根预测误差为 0.29，剩余预测偏差为 2.24。LS-SVM 模型是一种非线性建模方法，考虑到了模型建立过程中的非线性因素，如土壤水分、颜色和颗粒大小等非线性影响因素，提高了模型的预测效率。图 3-21 为基于 LS-SVM 土壤有机质建模集和预测集模型检测结果。

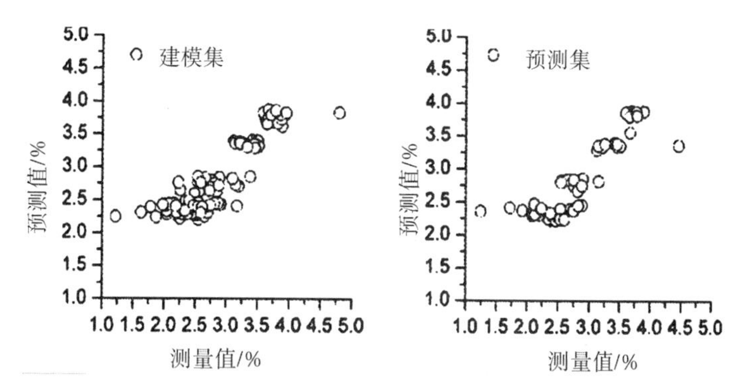

图 3-21　土壤有机质建模集和预测集模型结果

（七）小结

应用高光谱成像技术检测土壤有机质含量。采集土壤样本高光谱成像数据，通过提取土壤样品的光谱反射率，结合 S-G 平滑算法，多元散射校正和小波变换对提取出的光谱数据进行去除噪声处理，采用连续投影算法和遗传算法进行特征波长选择。用于试验的土壤样本数为 180 个，120 个样品用于建模集，其余 60 个样品用于预测集。

本书分别基于全波段光谱建立了 PLS 模型、基于特征波长建立了 BP 神经网格模型和 LS-SVM 模型。试验结果表明,基于特征波长的 BP 神经网络模型和 LS-SVM 模型的结果优于基于全部波长的 PLS 模型,基于 MSC 预处理光谱提取的特征波长建立的 LS-SVM 模型取得最优的结果,建模集的决定系数为 0.82,均方根预测误差为 0.27,剩余预测偏差为 2.37,预测集的决定系数为 0.78,均方根预测误差为 0.29,剩余预测偏差为 2.24。试验结果表明将高光谱成像技术可用于测定土壤有机质含量。

七、基于高光谱成像技术检测土壤类型

土壤类型评价及物理特性变化一直是土壤研究领域的热点之一。我国国土面积大,土壤类型评价是土壤调查制图、资源评价的基础,也是因地制宜地管理土壤、保护生态环境和转让农业技术的依据。在我国,根据地域环境不同,土壤一般分为赤红壤、砖红壤、红壤、黄棕壤、黄壤、暗棕壤、棕壤、褐土、寒棕壤(漂灰土)、栗钙土、黑钙土、黑垆土、棕钙土、高山草甸土、荒漠土和高山漠土。非专业人士因缺乏土壤相关知识,很难准确识别土壤类型。对土壤类型判别的方法如感官评价,通过对土壤的表面颜色、颗粒外观和物理特性等参数指标进行判别。感官评价很少需要仪器或者不需要仪器,比较快速,感观评价需要专业的评价人员来做,人为主观因素影响比较大,不能应用于所有场合和地点。化学方法通过定量地测定土壤化学组成和有机物含量来确定土壤类型。这种方法也需要专业人员进行实验,对实验结果进行分析,且化学方法污染环境,不适合作为土壤分类技术予以推广。近红外光谱学检测方法因具有检测快速、不需破坏样本和对环境无污染等优点,在土壤分类研究中得到广泛应用。根据已有研究,由于近红外光谱法检测土壤类型只用到了光谱信息,并不能保证百分百分类正确,且遥感技术日新月异,低空无人机遥感技术也有长足进步,为采用高光谱成像技术对土壤进行分类创造了有利条件。

高光谱成像技术可对被检测样本的内外部信息,如缺陷和病害等进行全方位检测,拥有图像和光谱检测技术的双重优势,每个像素点都有一条光谱与之对应,精度高,可以获取检测对象多指标信息,具有检测数量大和采集速度快等特点。目前,该技术已应用于土壤作物养分和作物病害检测等。Ben-Dor 等应用图像光谱技术对土壤进行了分类研究,同时采用该技术对土壤养分含量进行测定研究,并取得了比较好的结果,以可视化的形式在大片农田区域标识出来。

本书采用高光谱成像技术,通过对不同类型的土壤高光谱成像数据的分析,获取不同类型的土壤的图像信息和光谱信息,结合图像信息和光谱信息建立识别模型,对不同类型的土壤进行主成分分析,生成多幅主成分图像,本书只用到前三个主成分图像,从每个主成分图像中提取协方差、中值、能量、对比度、逆差距、同质性、相关、熵、差异性、反差、自相关和二阶距 12 个图像纹理特征参量(每个土壤样本共有 36 个图像纹理参数)。把不同类型的土壤的光谱信息与 PC_1 主成分图像的灰度共生矩阵进行有效融合,作为 LS-SVM 模型的输入,建立不同类型

土壤的鉴别模型。

（一）材料与方法

试验用土壤样本分别为取自江西的黄壤、湖北的褐土和黄棕壤、浙江海宁的棕壤和内蒙古的黑钙土。土壤经过去除石块、磨细和过筛处理，每种类型土壤样本30个，以塑料袋封装，做好标识，为一个样本，共150个样本，分5类，1代表湖北的黄棕壤，2代表江西的黄壤，3代表湖北的褐土，4代表浙江海宁的棕壤，5代表内蒙古的黑钙土。不同类型的土壤样本分为校正集和预测集，校正集和预测集样本数量比为2：1，校正集包含100个样本（每类样本各20个），预测集包含50个样本（每类样本各10个）。

土壤样本高光谱成像数据采集装置如图3-22所示。系统包括1台高光谱摄像机，2个卤素灯线光源，计算机及高光谱成像采集软件，移动平台控制器及样本传送装置。

将土壤样本置于输送装置平台上，如图3-22所示。采集土壤样本高光谱成像数据前，需要完成以下步骤：①调节输送平台传输速度和CCD曝光时间，确保采集到的图像清晰且不变形；②调节线光源亮度，卤素灯亮度不能太强，以免过度曝光，光源通过旋钮控制实现无级调控；③要进行黑白板校正，以消除噪声，减小室内环境光及仪器暗电流的影响。为了保证图像不变形，在传送平台放置1枚硬币，高度应保证与样本一致，采集硬币高光谱成像数据，查看硬币图像是否清晰和变形，如不满足要求，应重新调试直到硬币图像清晰且不变形，为了获取比较理想的数据，这个过程一般耗时比较长。平台输送样本速度设为3.4 mm/s，曝光时间设置为0.07 s，镜头至样品距离设为30 cm。分析软件为ENVI 4.6（图3-23）、Origin 8.5、Unscrambler 10.1和Matlab 2010软件平台。

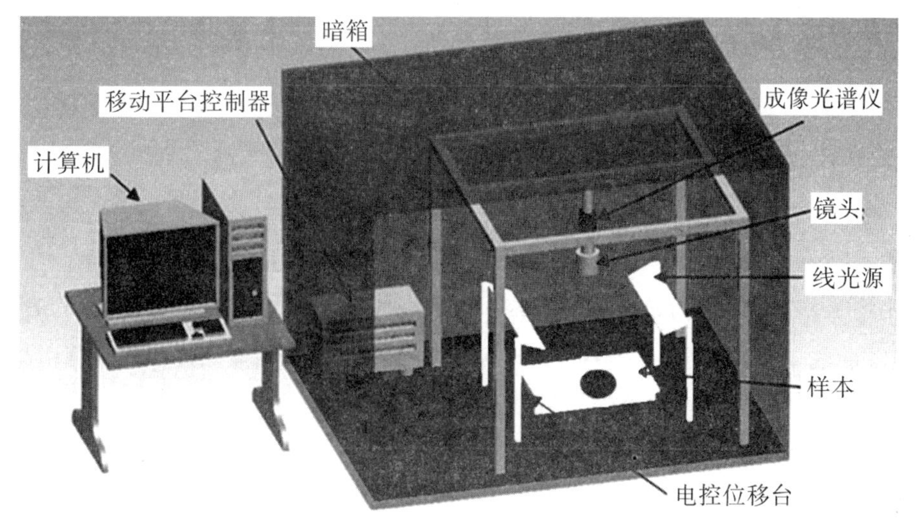

图3-22 可见近红外高光谱成像检测系统原理三维图

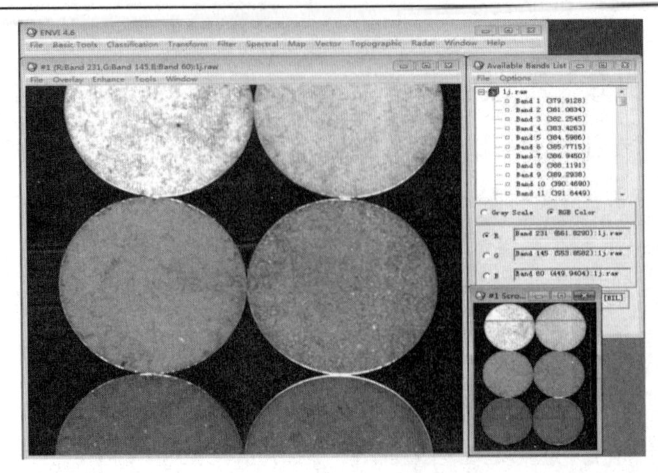

图 3-23　土壤样本在 ENVI 4.6 软件中的采样图(379 nm～1 023 nm)

采用竞争性自适应重加权算法进行特征波长提取，竞争性自适应重加权算法基于达尔文进化理论中“适者生存”的原则，通过蒙特卡罗采样法对模型取样，每次采样过程中利用自适应重加权采样技术(adaptive reweighted sampling，ARS)与指数衰减函数(exponentially decreasing function，EDP)结合的方法优选出 PLS 模型中回归系数绝对值大的波长点，去除 PLS 中回归系数值权重较小的波长，基于十折交叉验证，选择 N 个偏最小二乘子集模型预测均方根误差最小的子集，该子集为最优变量组合。N 次采样后得到 N 个变量子集，依据交互验证选出交互验证均方根误差(*RMSECV*)最小的变量子集，该子集即为最优特征波长变量组合。

CARS 算法选择变量有以下 4 个步骤：

(1)与无信息变量消除方法类似，CARS 基于蒙特卡罗采样对模型取样。每次采样都需从建模样本集中随机抽取一定比例的样本(如 80%～90%)建立 PLS 模型。

(2)基于指数衰减函数去除无信息变量，保留有用变量点。假设所测样品光谱数据为 $\boldsymbol{X}(m\times p)$，$m$ 为样本数，p 为变量数，样品理化值(浓度值)向量为 $\boldsymbol{y}(m\times 1)$，则存在偏最小二乘(PLS)回归模型：

$$\boldsymbol{y}=\boldsymbol{X}\boldsymbol{b}+\varepsilon \tag{3-2}$$

式中，ε 表示预测残差，回归系数 b 是一个具有 p 维的系数向量。公式中 $\boldsymbol{b}=Wc=[b_1,b_2,\cdots b_p]^T$，$\boldsymbol{b}$ 中第 i 个变量的绝对值 $|\boldsymbol{b}_i|(1\leqslant i\leqslant p)$ 表示第 i 个变量对理化值的贡献，W 表示光谱 $\boldsymbol{X}$ 和得分矩阵的线性组合系数，该值越大表示所对应变量在理化值或浓度值的预测中越重要。

采用蒙特卡罗采样，在第 i 次采样运算后，利用指数衰减函数强行去除 $|\boldsymbol{b}_i|$ 值相对较小的波长点。变量点的保存率通过下面指数函数计算：

$$r_i=a\varepsilon^{-ki} \tag{3-3}$$

式中，样本集中全部 p 个变量和仅 2 变量参与建模，a 和 k 表示常数，分别在第 1 次和第 N 次 MCS 时，即 $r_1=1$ 且 $r_N=\dfrac{2}{p}$，因而 a 和 k 的计算公式如下：

$$a = \left(\frac{p}{2}\right)^{\frac{1}{N-1}} \tag{3-4}$$

$$k = \frac{\ln\left(\frac{p}{2}\right)}{N-1} \tag{3-5}$$

式中,ln 表示自然对数。

(3)对剩余变量进行筛选。采用自适应重加权采样技术进一步删除无用变量,选择有用变量。该自适应重加权采样技术模仿达尔文进化论中适者生存法则,通过对每个变量点的权重 w_i 值进行评价来筛选变量。权重 w_i 值计算公式如下:

$$w_i = \frac{|\boldsymbol{b}_i|}{\sum_{i=1}^{p}|\boldsymbol{b}_i|}(i = 1,2,3,\cdots,p) \tag{3-6}$$

(4)N 次采样后得到 N 个变量子集,比较每次建模生成变量子集的预测均方根误差值,预测均方根误差值最小且稳定的变量子集为最优变量子集。

竞争性自适应重加权算法原理及步骤见图 3-24,该图更能够直观说明竞争性自适应重加权算法在关键变量选择过程中的机理。

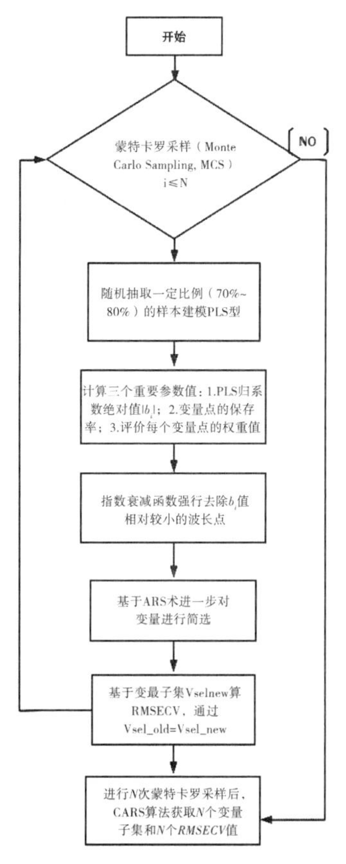

图 3-24 竞争性自适应重加权算法关键变量获取流程

（二）试验结果与分析

所获取土壤样品高光谱成像数据包括土壤两方面的信息。一是包括土壤样本的光谱信息，采用感兴趣区域（region of interest，ROI，70×70 像素左右）提取土壤样本的光谱，取感兴趣区域光谱的平均值作为 1 个样本的光谱（415～1 023 nm），二是包括土壤样品的图像纹理信息，也称为土壤样本的灰度共生矩阵。5 种类型的土壤光谱如图 3-25 所示。

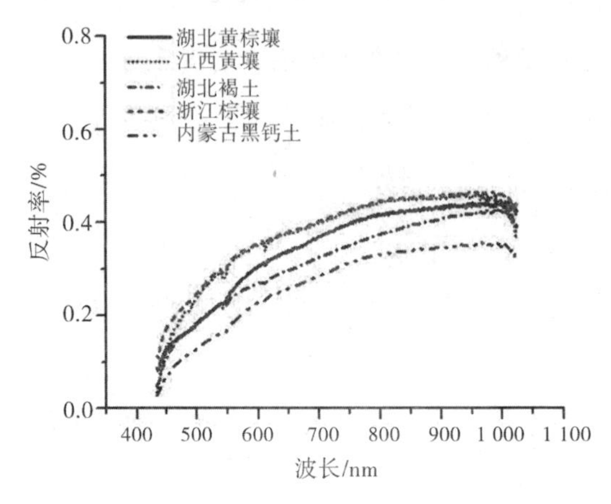

图 3-25　从 5 种类型土壤中提取的感兴趣区光谱曲线

在高光谱成像数据分析中，主成分分析是一种被广泛采用的数据降维方法，主成分分析图像获取过程：在软件 ENVI 4.6 中完成主成分分析（图 3-26 至图 3-29），选择 415～1 023 nm 波长范围做主成分分析。PCA 运算完成后会生成 481 幅灰度主成分图像，第 1 个主成分（PC_1 图像）对原始数据信息贡献率达到了 91.35%，其次为 PC_2，对原始数据信息贡献率为 6.37%，前 3 个主成分 PC 图像信息总贡献率达到 98.7%。

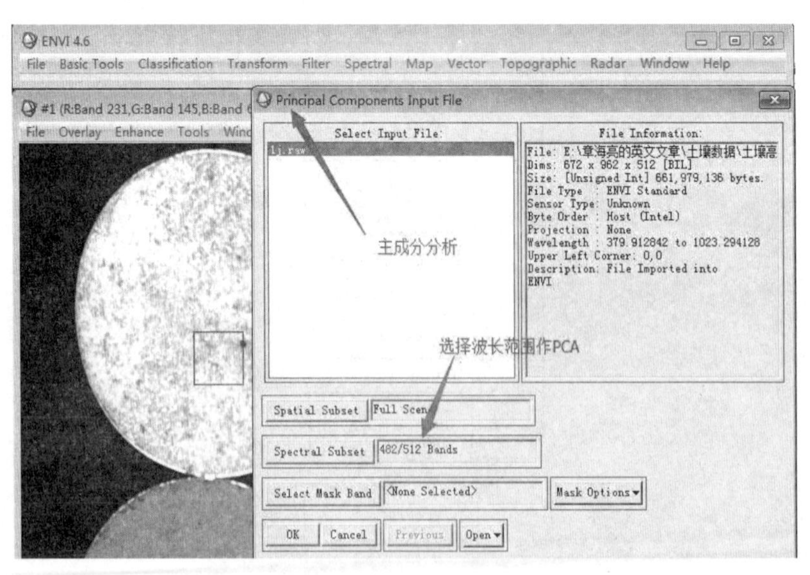

图 3-26　土壤样本主成分分析

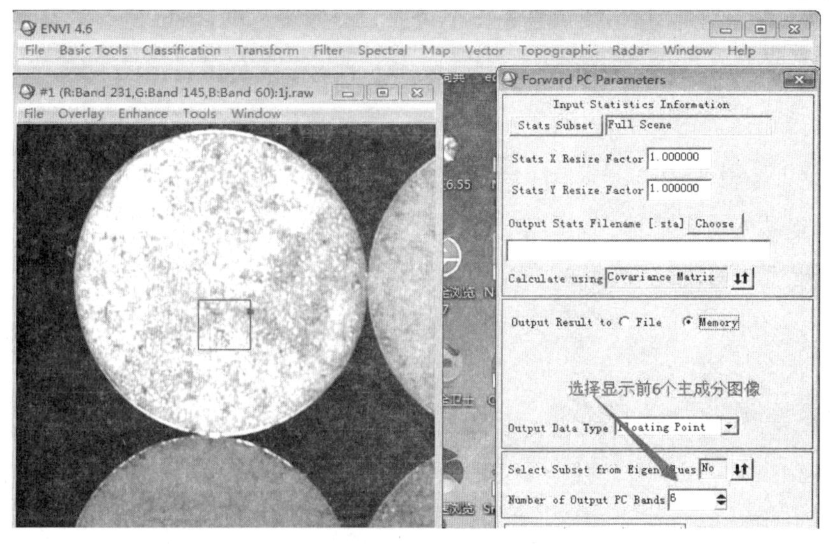

图 3-27　土壤样本主成分分析参数设计

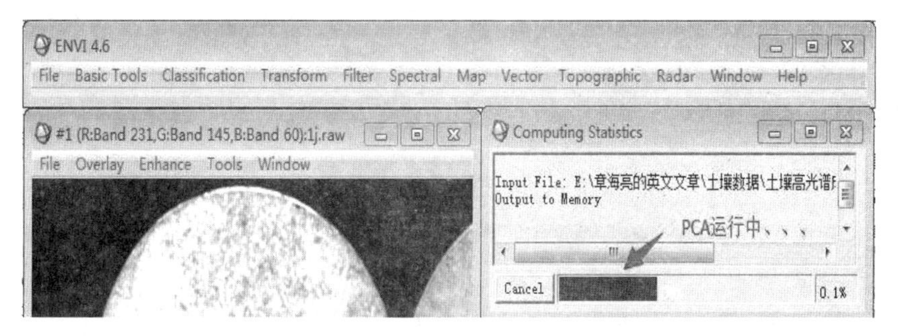

图 3-28　土壤样本主成分分析运行界面

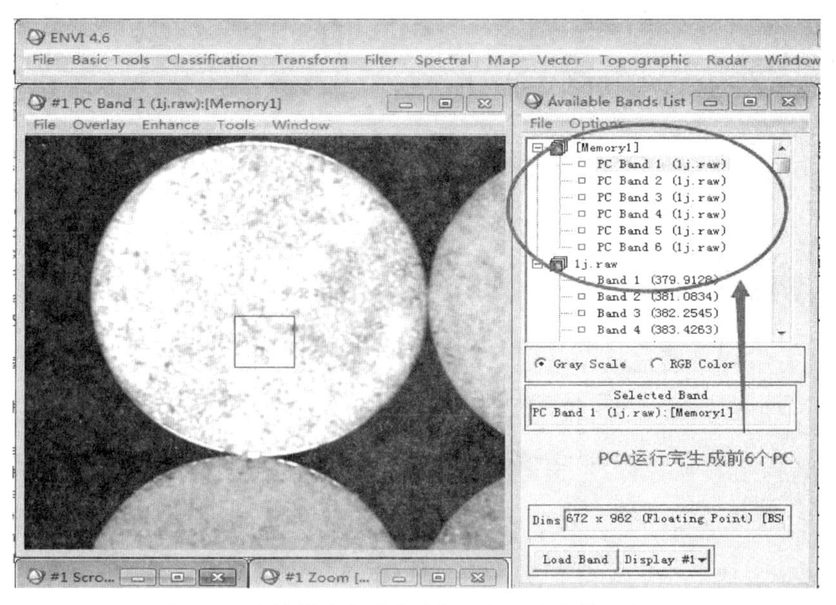

图 3-29　土壤样本主成分分析运行完生成前 6 个 PC

第 1 个主成分图像表达了样本绝大部分基本信息，第 2 个主成分图像表达的信息大于第

3 个主成分图像表达的信息，但要少于第 1 个主成分图像表达的信息，每个主成分图像互相独立。在 415～1 023 nm 光谱范围内各类型土壤样本的光谱信息特征比较明显，噪声较小，且能去除 415 nm 波长之前的噪声，有利于不同类型土壤的鉴别，故在 415～1 023 nm 光谱区域内进行主成分分析。图 3-30 为在波长 415 ～1 023 nm 光谱区间共计 481 个波长经过 PCA 处理，获得土壤样品的前 6 个主成分图像。

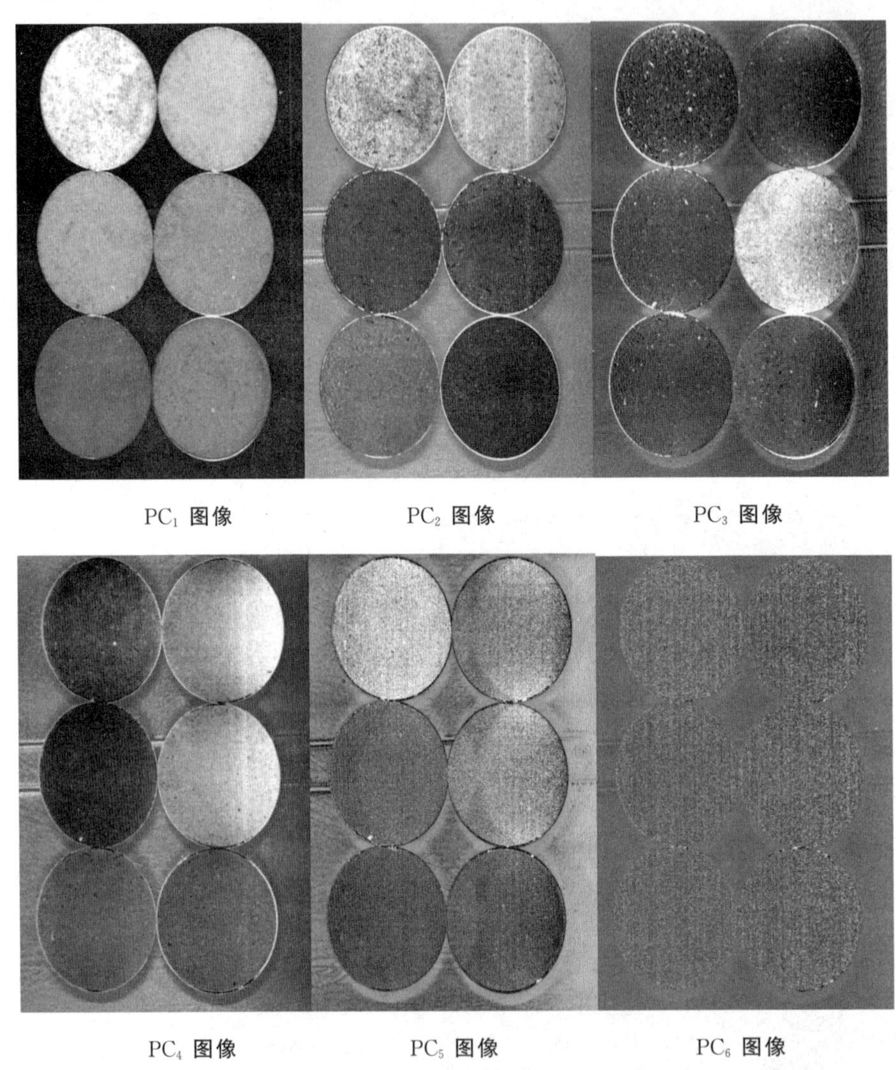

图 3-30 主成分分析得到的前 6 幅 PC 图像

分别从图 3-30 中前三个 PC 图像中提取协方差、中值、能量、同质性、相关、对比度、逆差距、熵、差异性、反差、自相关和二阶距等 12 个土壤样品纹理特征参量，也称为图像灰度共生矩阵，因此，每个土壤样品共有 36 个特征纹理参数。

基于灰度共生矩阵和 LS-SVM 的高光谱成像土壤类型鉴别流程如图 3-31 所示。

通过 ROI 提取的光谱范围为 380～1 023 nm，在 415 nm 波长之前的光谱区域噪声较大，表达的有效信息较少。由于利用481个波长建模，运算量大，为了简化模型，减少运算量，采用CARS算法提取到31个特征波长变量作为最小二乘支持向量机的输入，模型预测集的土壤类型识别率同样为92%，结果见表3-9，把这31个特征波长作为土壤样本的光谱信息，即实际光谱建模变量为31个。如前所述，每个主成分图像的纹理特征参数为12个，三个主成分图像共36个纹理参数，各个主成分图像纹理参数相互组合，作为输入建立最小二乘支持向量机类别预测模型，最后采用图像信息（灰度共生矩阵）分析与光谱分析相结合的方法，利用最小二乘支持向量机建模，共建立7个模型，模型结果见表3-9。

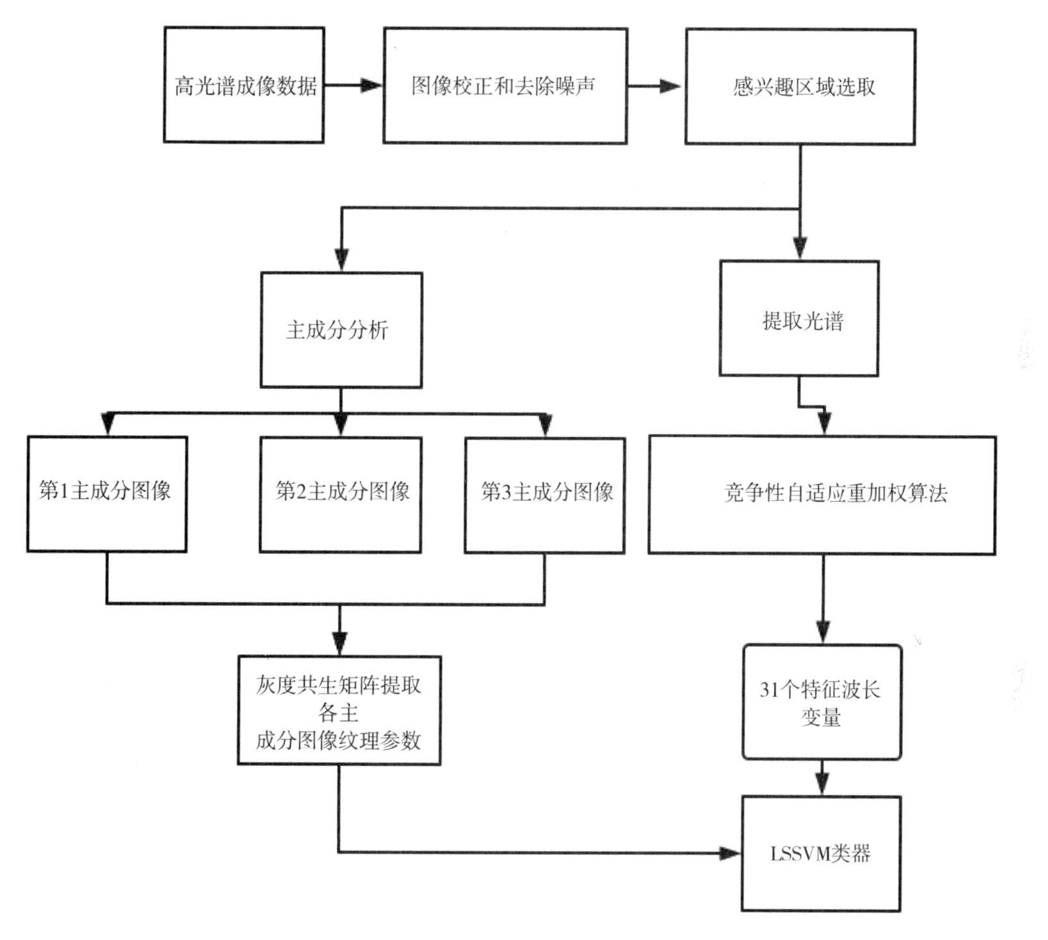

图3-31 基于可见近红外高光谱成像土壤别识别流程

表3-9 基于图像纹理，光谱和图像纹理结合光谱预测准确率

土壤类型	样本数量/个	预测集识别率/%						
		光谱	图像纹理			光谱和图像纹理		
			PC_1	PC_1-PC_2	PC_1-PC_3	$spe+PC_1$	$spe+PC_1-PC_2$	$spe+PC_1-PC_3$
1	10	90	60	70	70	100	100	80

续表

土壤类型	样本数量/个	预测集识别率/%						
		光谱	图像纹理			光谱和图像纹理		
			PC_1	PC_1-PC_2	PC_1-PC_3	$spe+PC_1$	$spe+PC_1-PC_2$	$spe+PC_1-PC_3$
2	10	90	70	70	70	100	100	90
3	10	90	80	80	80	100	100	90
4	10	90	70	70	70	100	100	90
5	10	100	90	100	100	100	100	100
总计	50	92	74	78	78	100	100	90

从表 3-9 中可以看到，基于光谱的 LS-SVM 模型预测集识别率为 92%，当把 PC_1 图像 12 个纹理参数作为 LS-SVM 模型输入时，模型预测集识别率为 74%，但是把光谱变量结合 PC_1 图像 12 个纹理参数作为 LS-SVM 模型的输入，模型预测集土壤 5 个类型识别率达到 100%，当把第 1 主成分图像和第 2 主成分图像共 24 个图像纹理参数结合光谱变量作为 LS-SVM 输入时，模型预测集土壤 5 个类型识别率为 100%，把第 1 主成分图像、第 2 主成分图像和第 3 主成分图像的 36 个图像纹理参数结合光谱变量作为 LS-SVM 输入时，模型预测集土壤 5 个类型识别率仅为 90%，表明第 3 主成分图像纹理增加了模型的复杂度，降低了模型的预测精度。取 PC_1 主成分图像的 12 个纹理特征结合光谱变量作为 LS-SVM 模型的输入，模型预测集识别率达到 100%，同时模型相对不复杂。

以上方法采用 PC_1 图像的 12 个纹理特征可以实现分类，准确率为 100%，以下方法是通过特征波长图像结合光谱信息来实现分类：

主成分图像原始各个波段图像经过线性组合运算得到的结果，代表绝大部分原始光谱和图像信息，采用主成分图像分析提高分类系统的运算速度，同时简化运算。图 3-32 为 5 个类型土壤在 611 nm 单波长下的光谱图像，从每个特征波长图像中分别提取协方差、中值、能量、同质性、相关、对比度、逆差距、熵、差异性、反差、自相关和二阶距纹理特征参数，每个样本共获取 12 个特征变量。

图 3-33 展示了基于 611 nm 图像信息（灰度共生矩阵）和 LS-SVM 的高光谱成像土壤类别识别流程。

基于 CARS 选择的 31 个特征光谱波长，作为 LS-SVM 输入建立土壤类别光谱预测模型，得到模型 1。611 nm 波段图像 12 个纹理特征参数，也作为 LS-SVM 输入建立类别预测模型，得到模型 2。最后将 611 nm 的波段图像纹理特征与光谱信息作为输入，利用 LS-SVM 建模，建立模型 3。3 个模型的预测结果见表 3-10。

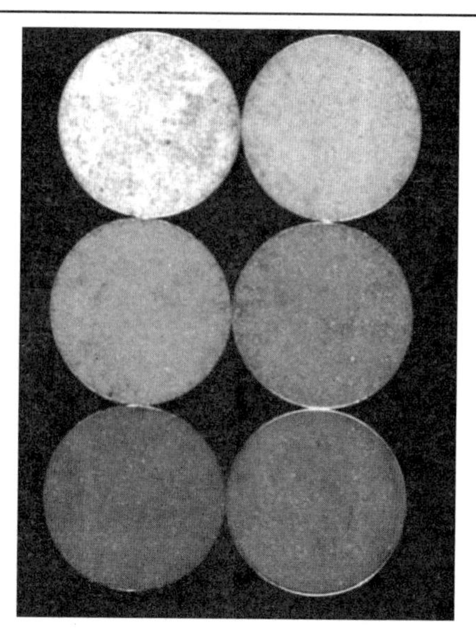

图 3-32 611 nm 图像

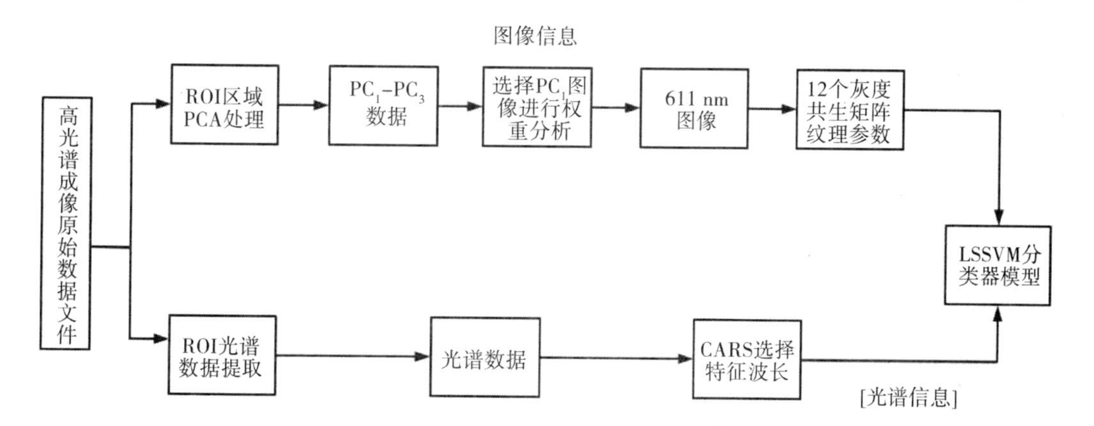

图 3-33 土壤类别识别流程

表 3-10 基于图像纹理,光谱和图像纹理结合光谱预测准确率

土壤类型	样本数量/个	预测集识别率%		
		光谱	图像纹理	光谱和图像纹理
			611 nm 图像	spectra+611 nm 图像
1	10	90	60	100
2	10	90	70	100
3	10	90	80	100
4	10	90	70	100
5	10	100	90	100
总计	50	92	74	100

由表3-10可知,基于光谱模型预测集土壤类型识别率为92%,将611 nm灰度图像12个纹理参数作为LS-SVM模型输入,模型预测集土壤类型识别率仅为74%,但是将光谱变量结合611 nm图像12个纹理参数作为LS-SVM模型的输入,模型预测集土壤类型识别率达到100%。

(三) ROC曲线评价LS-SVM分类性能

在ROC分类器中有4类可能的输出。如果真实的结果是n,则这就叫作假阳性(FP),如果输出的预测是p而真实的结果也是p,那么这就叫作真阳性(TP)。相反,假阴性是当预测输出是n而实际值是p的时候,真阴性发生在预测结果和实际结果都为n的时候。

$$\text{假阳性率}(FPR)=\frac{\text{非正确类别识别为正确类别}}{\text{非正确类别总数量}} \tag{3-7}$$

$$\text{真阳性率}(TPR)=\frac{\text{正确识别正确类别的数量}}{\text{正确类别的总数量}} \tag{3-8}$$

ROC将TPR和FPR定义为x和y轴,描述了假阳性(成本)和真阳性(获利)之间的博弈关系。为区分5个类型土壤,共需3个ROC分类器,即LS-SVM分类器1、LS-SVM分类器2和LS-SVM分类器3。有点类似于组合运算,比如三位,每位可取值1和-1,那么三位共有8种组合方式,因此三位就可以表示8类,本书的分类器就是基于此原理而设计的。图3-37(a)~(c)为5个类型土壤LS-SVM三个分类器的ROC分类结果图,横坐标为分类阈值,纵坐标为分类准确率。可以看出,图3-37(c)的S-SVM分类器1、LS-SVM分类器2和LS-SVM分类器3的分类结果($area$=1)都优于图3-37(a)和图3-37(b)的LS-SVM分类器1、LS-SVM分类器2和LS-SVM分类器3。面积(area)表示分类曲线围成的面积,即准确率。

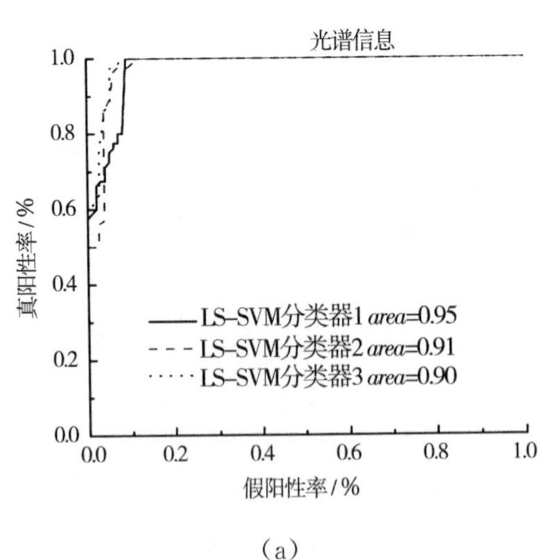

(a)

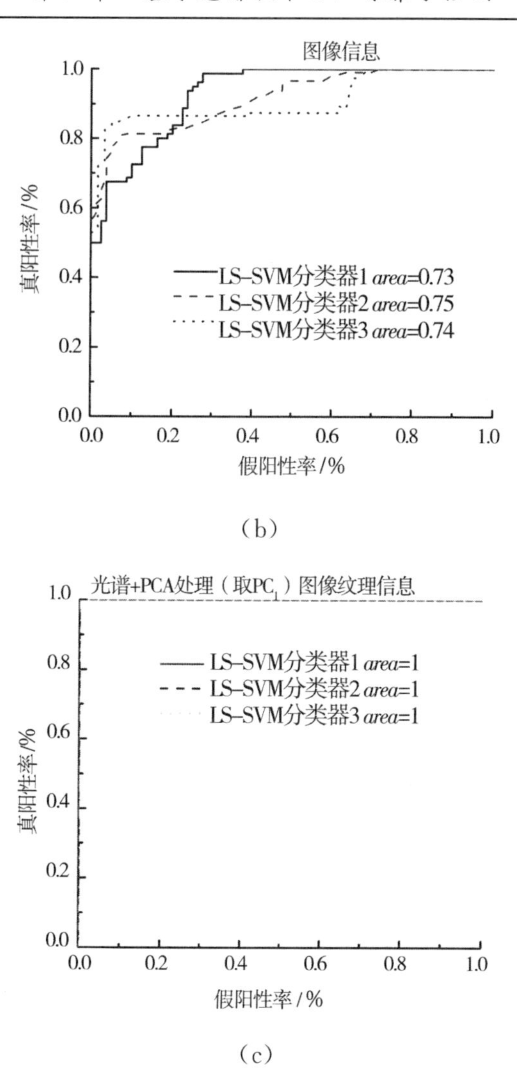

（b）

（c）

图 3-34　三个 LS-SVM 分类器分类结果

（四）结论

本书应用可见近红外高光谱成像技术（380～1 023 nm），将图像和光谱信息结合，实现土壤不同类型鉴别。提取土壤样品感兴趣区域光谱，采用竞争性自适应重加权算法获取 31 个特征波长替代原始光谱信息，同时对土壤样品进行主成分分析，选取第 1 主成分图像信息或者 611 nm 图像信息，如协方差、中值、能量、同质性、相关、熵、差异性、对比度、逆差距、反差、自相关和二阶距 12 个纹理特征参数（也称为灰度共生矩阵），结合光谱变量与灰度共生矩阵，作为 LS-SVM 的输入建立土壤分类识别模型，预测集土壤类型识别率达到 100%。结果表明，基于高光谱成像技术可以用于土壤不同类型的鉴别。

第三节 基于近红外光谱技术的土壤总氮和磷钾测定

土壤中的氮主要指总氮和速效氮,氮含量检测主要指总氮含量检测和速效氮含量检测。本书主要对土壤的总氮进行测定研究,因为土壤的总氮含量变化较小,测定结果稳定可靠。近年来,人们一味追求高产而大量、盲目施肥,导致化肥利用率很低,我国氮肥当季利用率仅为30%左右,远低于美国和日本氮素利用率(60%～70%),盲目增加化肥使用量和化肥利用效率低,不仅引起严重的环境污染,致使地表水富营养化,而且在经济上造成巨大损失。土壤的总氮含量是作物生长全过程非常重要的影响因素之一,是评价土壤肥力丰缺的一个重要指标,探测土壤的总氮含量是了解田间土壤肥力的重要方法和途径,获取土壤的总氮含量对于指导农业生产,保护环境和节约资金、能源都是非常有意义的。

传统的土壤总氮含量测定一般使用化学分析方法,因其费时费力又烦琐,难以满足土壤总氮含量实时性、大批次快速检测的需求。土壤中的氮含有功能键如 N-H 键及 N-O 键组合基团,这些功能键在近红外光谱波长 350～2 500 nm 范围内有直接相关性。速效氮(也称水解氮和有效氮)可以反映短期内土壤对作物的供应情况,总氮主要反映土壤基础条件,与作物生长情况关系较为密切,近红外光谱分析技术以其快速、低成本等特点,正逐步成为土壤的总氮含量检测的新型有力工具。

利用可见近红外光谱分析技术,对土壤养分(氮钾磷)含量进行定量测定分析,获取各种养分的特征波长、相应的预处理方法和建模方法,建立预测模型,同时简化模型,提高精度,为开发便携式仪器奠定了理论和技术基础。

一、化学测定土壤总氮统计分析

试验土壤样本过 2 mm 的筛子,用塑料袋装好处理好的土壤样本,并做好标记,每个样本分成两份,独立包装,一份用于采集光谱数据,另一份用于实验室化学分析。本研究中用杜马斯燃烧定氮法测定土壤中的总氮含量。土壤样本参数如表 3-11 所示。

表 3-11 土壤总氮含量统计分析

数据集	样本数	最大值	最小值	平均值	标准偏差
建模集	263	0.16	0.105	0.132	0.008
预测集	131	0.15	0.105	0.133	0.007
总计	394	0.16	0.105	0.133	0.008

二、采集土壤样本光谱和光谱预处理

用型号为 ASD Field Hand 的光谱仪采集土壤样本光谱，这是一种便携式光谱仪，其光谱波长范围为 350～2 500 nm。为减小实验室环境光和日光灯对光谱信息的影响，在采集光谱数据前，关掉所有室内灯，为使采集光谱数据时光源保持稳定，打开卤素灯光源后，至少预热 15～20 min。将过筛后的土壤样品经塑料袋倒入透明玻璃培养皿中，用玻璃片把培养皿表面的土壤压平压实。采集时光纤探头插入土壤中，进一步排除了外界光线影响，对获取的土壤光谱数据分别采用 SNV、MSC、1st D 和 2nd D 预处理方法进行光谱预处理，分别建立 PLS 模型。本书建立的所有预测模型由决定系数(R^2)、均方根预测误差(RMSEP)和剩余预测偏差(RPD)评价，其中 RPD 和 R^2 值越大，RMSEP 值越小，模型的性能就越好。

土壤样品光谱如图 3-38 所示。从图 3-35 看出，350 nm 起始波段处含有较多噪声，本书取 500～2 500 nm 波长范围为研究对象。

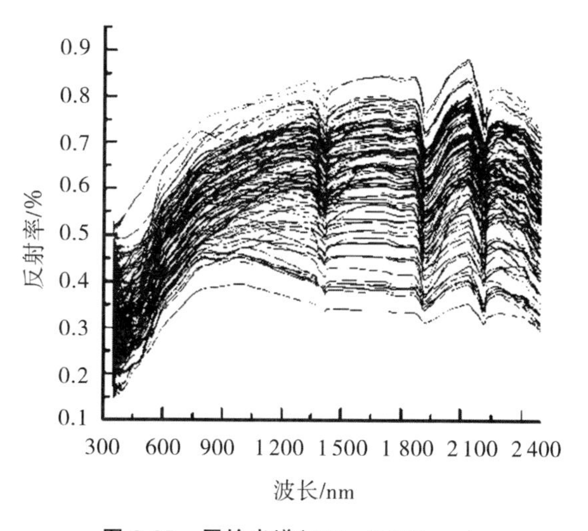

图 3-35 原始光谱(350～2 500 nm)

三、基于不同变量选择方法和建模方法检测土壤总氮的研究

表 3-12 是分别对 350～2 500 nm 和 500～2 500 nm 光谱范围采用不同光谱预处理方法 PLS 建模的结果，可以看出，光谱预处理方法并没有比原始光谱结果有所提高，采用原始光谱建模 *RPD* 值为 2.26，*RMSEP* 为 0.003 1，R_{pre}^2 值为 0.81，优于其他光谱预处理建模结果。这是因为土壤样本经过了过筛处理，且采集光谱时，探头是插入土壤样本内部的，减小了环境光的影响，得到的光谱数据在 500～2 500 nm 光谱范围内，噪声较少，且 500～2 500 nm 光谱范围得到的结果与 350～2 500 nm 光谱范围得到的结果几乎相同，因此后面的分析都在原始光谱(500～2 500 nm)基础上进行。

表 3-12　PLS 模型土壤总氮建模集和预测集分析结果

预处理	变量个数/个	模型	潜在变量	建模集		预测集		剩余预测偏差
				R_{cal}^2	*RMSEC*	R_{pre}^2	*RMSEP*	
Raw	2 151	PLS	5	0.81	0.003 6	0.81	0.003 1	2.26
S-G	2 151	PLS	5	0.81	0.003 5	0.81	0.003 1	2.26
SNV	2 151	PLS	9	0.69	0.004 7	0.59	0.004 5	1.55
MSC	2 151	PLS	9	0.77	0.004 0	0.77	0.003 4	2.06
1stD	2 151	PLS	12	0.82	0.003 5	0.62	0.004 3	1.62
2ndD	2 151	PLS	6	0.60	0.005 3	0.37	0.005 7	1.23
Baseline	2 151	PLS	5	0.76	0.004 1	0.77	0.003 1	2.06
Raw	2 002	PLS	4	0.81	0.003 5	0.81	0.003 1	2.26
S-G	2 002	PLS	4	0.81	0.003 6	0.81	0.003 1	2.26
SNV	2 002	PLS	11	0.68	0.004 7	0.60	0.004 5	1.55
MSC	2 002	PLS	6	0.79	0.003 9	0.79	0.003 3	2.12
1stD	2 002	PLS	6	0.80	0.003 7	0.78	0.003 4	2.06
2ndD	2 002	PLS	6	0.74	0.004 2	0.63	0.004 3	1.62
Baseline	2 002	PLS	4	0.72	0.010 4	0.76	0.063 5	2.00

（一）利用回归系数分析提取总氮关键变量

回归系数分析(regression coefficient analysis，RCA)是一种在 PLS 模型基础上进行的分析，PLS 建模(500～2 500 nm)得到的回归系数如图 3-36 所示，采用回归系数分析提取特征波长基于这样一种假设：在回归系数图形上，波峰或者波谷位置处，绝对值越大，说明该波长越重要。基于此，设置两种不同阈值提取不同数量的特征波长，当阈值为0.000 2时，提取的特征波长数量为 7 个，分别是 499 nm，530 nm，780 nm，875 nm，1 001 nm，1 890 nm和2 500 nm，当阈值为 0.000 5 时，提取的特征波长数量为 5 个，分别是 499 nm，530 nm，780 nm，875 nm 和 1 001 nm。把基于 RCA 提取的特征波长作为输入，分别采用 PLS、MLR 和 LS-SVM 建模方法建模，结果详见表 3-12。从表 3-12 可以看出，采用 7 个特征波长得到的最优结果为，最优预测集的决定系数为 0.81，剩余预测偏差 *RPD* 为 2.26，优于采用 5 个特征波长得到的结果，说明当采用阈值 0.000 5 时，还有重要的特征波长没有选择到，如果基于 RCA 方法来选择特征波长，应采用阈值为 0.000 2 来选择特征波长。

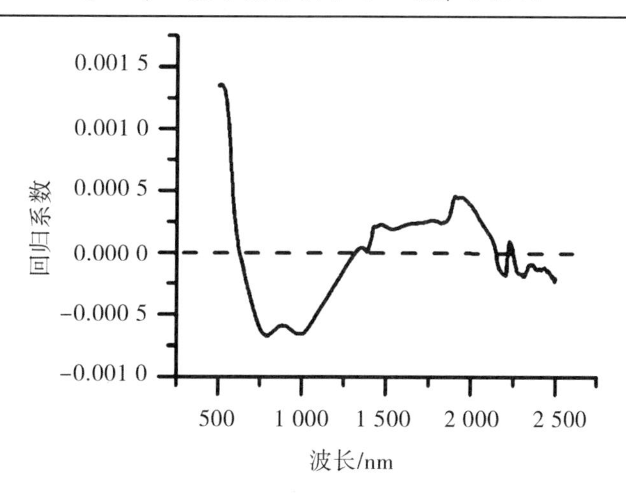

图 3-36　PLS 模型回归系数

（二）利用连续投影算法提取总氮特征波长

连续投影算法是一种重要的波长选择方法，基于多元校正重要敏感波长选择算法，可以把光谱信息中最重要的波长点选择出来，采用投影操作选择的重要波长可以达到信息冗余度最小，SPA 选择的变量常用来解决线性问题，从而可以减少波长的数量以最大程度简化模型，提高模型运算速度和运行效率，同时具有最少的冗余信息。图 3-37 显示的是 *RMSEP* 值随变量数的增加而变化的情况，当采用 5 个变量建模时，*RMSEP* 值达到稳定，即使变量数再增加，*RMSEP* 也未随着增加。图 3-38 为采用 SPA 得到的特征波长点在一条光谱上的分布。采用 SPA 得到的 5 个特征波长分别为 499 nm，621 nm，1 001 nm，1 890 nm 和 2 500 nm，见表 3-13。

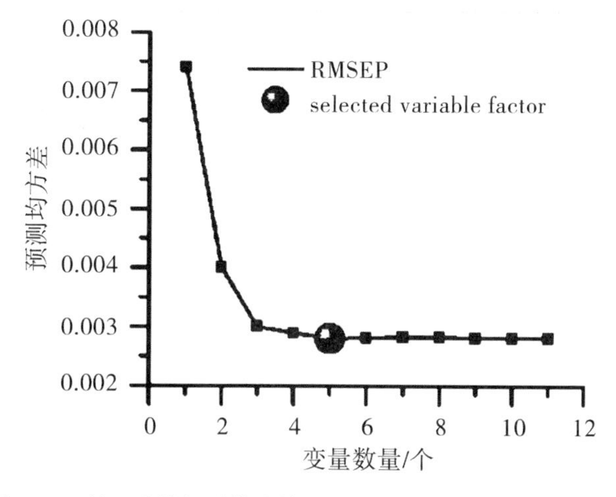

图 3-37　基于连续投影算法的 RMSEP 值随变量数增加变化情况

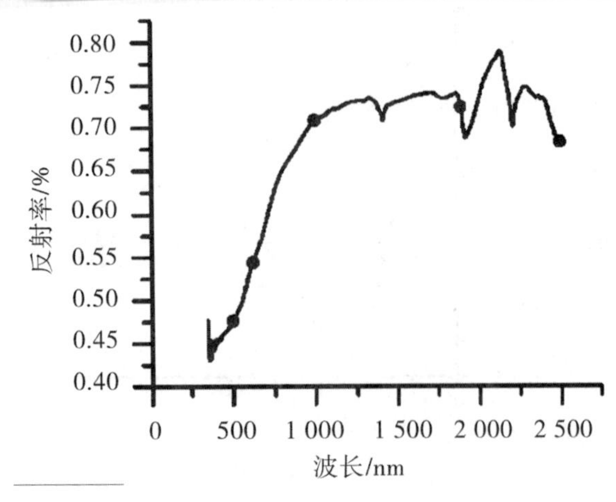

图 3-38　基于连续投影算法选择的 5 个特征波长分布

（三）土壤总氮遗传算法提取特征波长

建模变量的选择与优化是建立稳定的数学模型的基础，遗传算法通过频率值来确定建模变量的数量，在 Matlab 命令窗口运行命令：[b，fin，sel]＝gaplssp(data，100)，参数 100 表示迭代次数，参数值越大，运行时间越长。返回结果有以下几个参数：参数 *fin* 为求出的具体波长点；参数 *b* 为按频率排序选择的波长点，排第一的波长点是被选择次数最多的波长点；*sel* 为波长点被选频率值，其数值与参数 *b* 中的数值是一一对应关系。运行遗传算法基于所用的建模因子数得到的响应百分比和预测误差见图 3-39。图 3-40 中虚线表示变量阈值，虚线上面表示保留变量，下面将不用于建模分析。

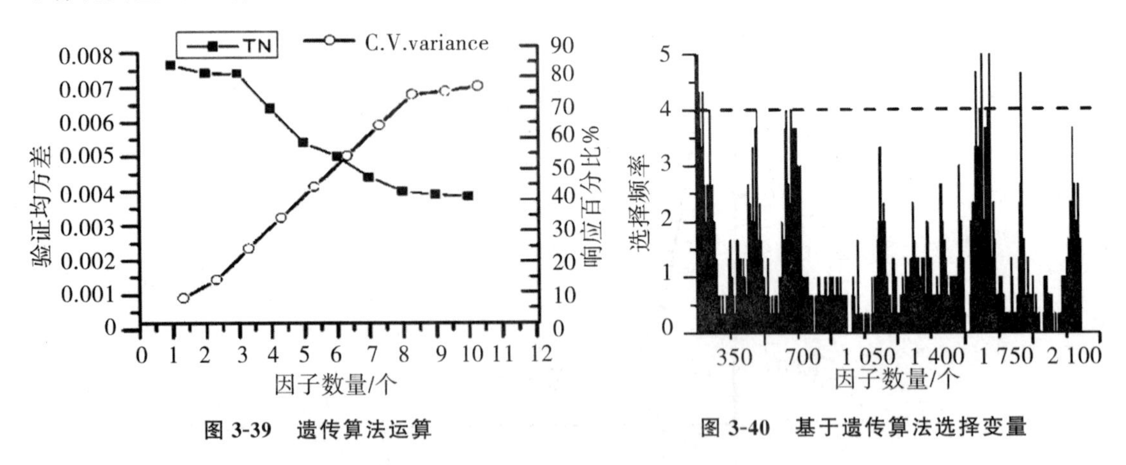

图 3-39　遗传算法运算　　**图 3-40　基于遗传算法选择变量**

（四）数学模型验证及评价

模型的评价指标有验证均方差、决定系数、预测均方差和相对分析误差。优秀的模型，*RPD* 和 R^2 值越高越好，验证均方差和预测方差值要接近且越小越好，避免出现共线性和过拟合情况，使模型有较高的预测精度。

（五）总氮含量检测结果与讨论

基于RCA、SPA和GA得到的特征波长作为输入，分别采用PLS、MLR和LS-SVM建模，模型结果如表3-14所示。从表3-14可以看出，在相同输入条件下，PLS、MLR和LS-SVM模型的结果比较接近，比如，采用RCA确定的5个特征变量，PLS模型的*RPD*值为1.59，*RMSEP*值为0.004 4，MLR模型的*RPD*值为1.55，*RMSEP*值为0.004 5，LS-SVM模型的*RPD*值为1.59，*RMSEP*值为0.004 4。

另外从表3-14可以看出，在相同输入条件下，线性模型的结果和非线性模型的结果几乎相同，说明采用非线性模型LS-SVM并没有使建模结果得到提高，一般来说，非线性模型比线性模型复杂，因此，便携式仪器多是基于线性模型开发的。本书中得到的线性模型和非线性模型结果相近，说明选择的光谱信息变量共线性较好，LS-SVM模型一般在输入变量含有非线性信息时表现更好。三种模型得到的最好结果：*RPD*为2.26，*RMSEP*为0.003 1，R_{pre}^2为0.81。

在模型结果相同的条件下，GA选择的变量有10个，但是建模结果不是最优的，说明选择的变量存有冗余信息，SPA选择的变量更具代表性，因为SPA选择的变量更少，只有5个，而RCA选择的变量有7个，且RCA选择的7个变量并不完全包含SPA选择的5个特征变量，说明RCA选择的7个变量还有部分冗余信息，而SPA选择的5个特征变量则没有冗余信息。采用RCA选择特征波长，人为主观性较大，需要人为在PLS模型回归系数图挑选出来，操作者需要具备较强的光谱理论知识，而本书采用的SPA算法选择特征波长，是利用Matlab语言工具箱，将原始光谱信息输入后，自动运行得到的结果，从这个角度看，SPA更适合用来挑选特征波长。

表3-13　采用RCA、GA和SPA得到的特征波长

选择方法	波长数量/个	特征波长/nm
RCA（0.000 2）	7	499，530，780，875，1 001，1 890，2 500
RCA（0.000 5）	5	499，530，780，875，1 001
SPA	5	499，621，1 001，1 890，2 500
GA	10	510，513，514，529，800，1 890，1 966，1 993，2 250，2 459

表3-14　基于特征波长的PLS、MLR和LS-SVM模型结果

方法	波长数量/个	建模集		预测集		
		R_{cal}^2	*RMSEC*	R_{pre}^2	*RMSEP*	*RPD*
RCA-PLS	7	0.81	0.003 6	0.81	0.003 1	2.26
RCA-PLS	5	0.69	0.004 7	0.62	0.004 4	1.59

续表

方法	波长数量/个	建模集		预测集		
		R_{cal}^2	*RMSEC*	R_{pre}^2	*RMSEP*	*RPD*
RCA-MLR	7	0.81	0.003 7	0.81	0.003 1	2.26
RC-MLR	5	0.69	0.004 6	0.59	0.004 5	1.55
RC-LS-SVM	7	0.81	0.003 6	0.80	0.003 1	2.26
RC-LS-SVM	5	0.68	0.004 8	0.60	0.004 4	1.59
SPA-PLS	5	0.79	0.003 8	0.77	0.003 4	2.06
SPA-MLR	5	0.81	0.003 7	0.81	0.003 1	2.26
SPA-LS-SVM	5	0.80	0.003 8	0.80	0.003 1	2.26
GA-PLS	10	0.80	0.003 8	0.78	0.003 3	2.12
GA-MLR	10	0.80	0.003 8	0.78	0.003 3	2.12
GA-LS-SVM	10	0.77	0.003 9	0.75	0.003 5	2.00

（六）总氮检测结论

本书应用近红外光谱分析技术检测土壤总氮含量，分别采用 RCA、SPA 和 GA 变量选择方法选择相应数量的特征波长作为输入，然后采用三种不同的建模方法，包括线性模型如 PLS 和 MLR 模型，非线性模型如 LS-SVM 模型，分别建立了相应的预测模型，共对 12 种模型结果进行了对比分析。

RCA 算法得到的 7 个变量还存在部分冗余信息，建模变量还有进一步减少的空间，且这种方法人为主观性大，需要手动挑选特征波长；GA 算法得到的变量也存在部分冗余信息，建模变量还有进一步减少的空间；

通过 SPA 算法得到 5 个特征变量，大大简化了模型，避免了信息重叠，同时去除了冗余信息。SPA 得到的特征变量可以表达土壤总氮含量最重要的光谱信息；原始光谱经过 SPA 选择的变量更具有代表性，可以用来建立土壤总氮预测模型。

四、利用便携式短波近红外光谱仪器检测土壤总氮含量

传统的土壤总氮含量测定一般采用化学分析方法，比较费时和烦琐，难以满足快速检测土壤总氮含量的需求。即便是基于近红外光谱检测土壤总氮含量，也都是在实验室条件下，各个功能部件组合起来，并没有形成有机的一个整体，离实际在田间应用还有一段距离，本书利用近红外光谱系统测定土壤样品总氮含量，图 3-41 是便携式土壤总氮含量检测仪器。

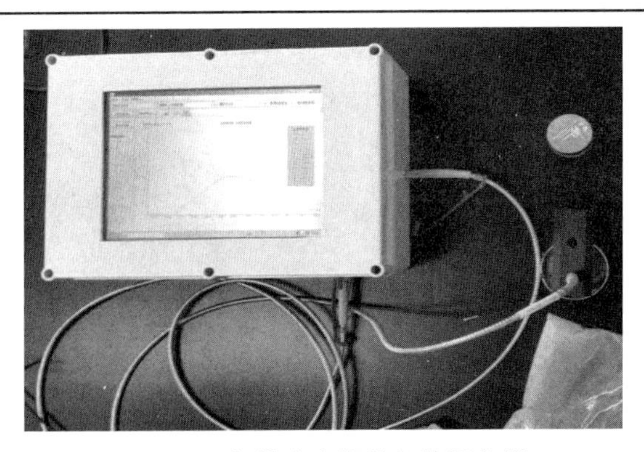

图 3-41 便携式土壤总氮检测仪器

（一）试验样本采集和划分方法

采集用于实验的样本共 243 份，把取回的土壤样本拿回实验室经晾干，将土壤样本分为三组，一组未经过粉碎、过筛等处理，一组做过 2 mm 筛处理，一组做过 0.5mm 筛处理，土壤样品简单处理如下：从田间采集土壤样本，去除土壤中作物、石块、杂物等干扰因素，自然条件下晾干，然后将土壤样品进行破碎，去除颗粒较大的土块，得到颗粒直径不大于 5 mm 的土壤样本，将土壤样本倒入圆形透明玻璃培养皿中，抚平表面、压实土壤，光纤探头至样本垂直距离约 1 cm。选择代表性的建模集样本是获得预测性能良好的近红外定量模型的关键技术之一，合适的校正集选择方法能增强模型的预测能力。建模集选择方法有 Kennard-Stone（KS）法、随机抽样（Random Sampling，RS）法、常规选择（Conventional selection，CS）法、Sample set Portioning based on joint x-y distance（SPXY）法等，RS 法是随机选取一定数量样本组成建模集。该建模集选择方法简单，不需要对数据进行排序、挑选或计算，但每次随机挑选校正集样本可能存在很大差异，不能保证所选样本的代表性和模型的外推能力。CS 法是依据待测样本的一些已知因素如厂家、产地、生产批号等对数据进行挑选，选择建模集时应尽可能地增大这些因素的变异，得到代表性尽可能好的样本。当样本的化学测量值已知时，可按照组分的化学测量值进行挑选，选择那些分布在两端，即化学测量值最高或最低的样本作为建模集样本。通常将所有样本的化学测量值按大小排序后，以建模集和预测集样本数的比例按顺序将样本依次分配到建模集和预测集，而且每次分配的预测集样本的化学测量值均在建模集样本化学测量值的范围内。CS 选择方法带有较高的主观性，当样本量较大时该方法费时费力，而且所选出的建模集代表性差，所建模型的预测性能差。KS 法是将所有样本都看作建模集的候选样本，首先选择欧氏距离或马氏距离最远的两个样本进入建模集，计算剩余的待选样本中单个样本到单个已选样本的距离，找出最小距离值样本和最大距离值样本，加入建模集中，重复此步骤，直至建模集样本数目满足要求为止。但是，该方法需要进行数据转换和计算两两样本空间距离，计算量大，需采用计算机识别。

SPXY 法是在 KS 法的基础上发展而来的，在计算样本间距离时将近红外光谱数据变量 x 和化学测量值变量 y 同时考虑在内，p 与 q 两样本之间的距离能有效地覆盖近红外光谱数据 x 的多维向量空间和化学测量值 y 空间，基于样本间距离进行校正样本的选择能改善所建 NIR 定量模型的预测能力。本书采用 SPXY 样本划分方法。162 个样本用于模型校正，81 个样本用于模型预测集，表 3-15 为土壤样本总氮含量统计分析结果。

表 3-15 土壤样本总氮建模集和预测集统计

建模集				预测集			
最小值	最大值	平均值	标准偏差	最小值	最大值	平均值	标准偏差
0.068	0.160	0.135	0.014 33	0.087	0.158	0.131	0.012 54

（二）土壤光谱噪声去除

采用波长压缩(Reduce，RD)，S-G 平滑和 WT 等算法对光谱进行处理，并对 3 种去噪声算法进行比较，S-G 平滑和波长压缩通过 Unscramble 9.7 软件自带算法完成处理，WT 去噪声算法由 Matlab 2010a 软件的小波工具箱完成。S-G 平滑算法在对原始光谱进行处理时，不再使用简单的平均，通过采用最小二乘拟合系数建立滤波函数，对移动窗口内的波长点数据进行多项式最小二乘拟合。波长压缩算法依据信号自身尺度特征对信号进行压缩，非常适合一阶微分和二阶微分后续处理，对连续 15 个波长反射率取均值，作为一个有效波长，进行压缩处理以达到消除噪声和降低光谱维度双重目的，数据量是原始光谱数据量的十五分之一。小波变换 WT 用一种时频分析法，其中连续小波变换是一种基于给定小波基函数的积分变换。

（三）土壤总氮特征波长选择算法

光谱数据波长点多，造成模型复杂和计算量大的问题，同时存在大量的共线性和冗余信息特征，对有效光谱提取产生干扰。采用 CARS 算法、随机算法和连续投影算法进行特征波长的选择，以减小共线性和信息冗余的影响，减小计算量并简化模型。连续投影算法的优点是可以从光谱矩阵中选择无共线性和无冗余的特征波长组合，在简化模型复杂度的同时提高建模的运行速度和效率。利用 SPA 算法对不同预处理算法去噪声处理后的光谱进行特征波长选择，设置选择特征波长数的范围为 5～60 nm。

（四）土壤总氮含量建模分析方法

基于全谱建立 PLS 分析模型，分别基于特征波长建立极限学习机模型和 LS-SVM 分析模型。PLS 是最为常用的建模方法。同时考虑光谱矩阵 $\boldsymbol{X}$ 和样本理化值 $\boldsymbol{Y}$，建立预测模型，通过降维获取潜在变量，消除光谱无用的变量。

（五）土壤总氮含量检测结果与讨论

1.光谱提取与分析

未过筛和过筛(2 mm)的土壤样本光谱如图 3-42 所示。比较发现,图 3-42(a)中土壤样品光谱曲线未经过筛处理,其噪声大于图 3-42(b)中土壤样本的光谱曲线噪声,说明土壤样本过筛与不过筛处理对土壤光谱噪声影响非常显著,且过筛后的土壤光谱反射率也明显大于未过筛的土壤光谱反射率。

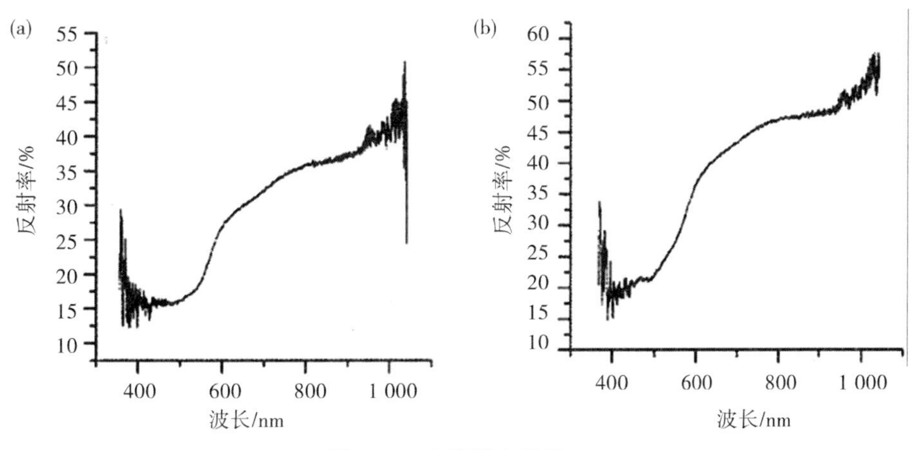

图 3-42 土壤样本光谱

2.土壤总氮特征波长选择

分别基于 CARS、Random frog 和 SPA 算法选择土壤总氮特征波长,结果见表 3-16。CARS 算法所提取的土壤总氮特征波长的个数要多于 Random frog 和 SPA 算法提取的。SPA 提取的土壤总氮特征波长按贡献值的大小排序,数量少,含有最低限度冗余,避免了信息重叠和共线性问题发生。Random frog 算法确定特征变量是通过频率值的大小来选择的。

要说明的一点是,Random frog 算法每次运算结果都不相同,略有差异,为消除每次运算结果不相同带来的影响,需多次运行 Random frog 算法,取平均值。分别运行 Random frog 算法 10 次,统计 10 次运行结果的均值,选择土壤总氮特征波长,见图 3-43、图 3-44 和图 3-45。纵坐标是被选概率,横坐标是波长变量,概率越大的该特征波长重要性越大。将所有特征波长的被选概率排序,以 0.15 为阈值,分别选出概率最大的前 19 个、37 个和 37 个变量作为未过筛、过 2 mm 孔径筛和过 0.5 mm 孔径筛的特征波长,见表 3-16。

表 3-16 CARS、Random frog 和连续投影算法选择的特征波长数量

特征波长选择方法	未过筛	过 2mm 孔径筛	过 0.5 mm 孔径筛
CARS	78	79	80
Random frog	19	37	37
SPA	14	15	14

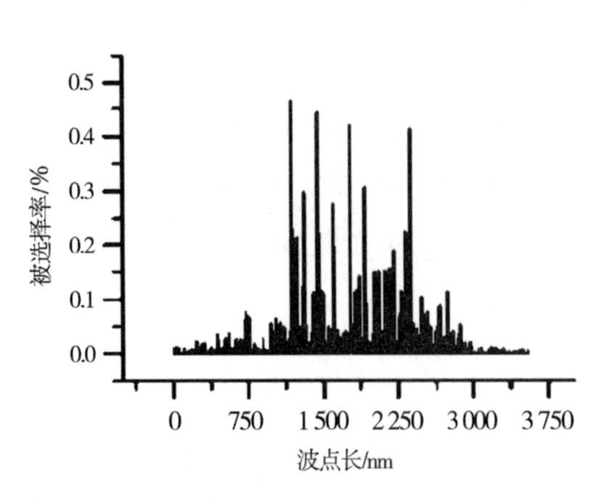

图 3-43 青蛙算法选择特征波长 a(未过筛)

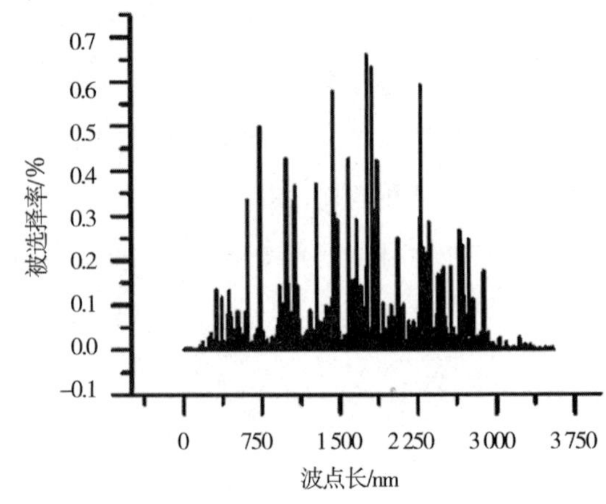

3-44 青蛙算法选择特征波长 b(过筛,孔径 2 mm)

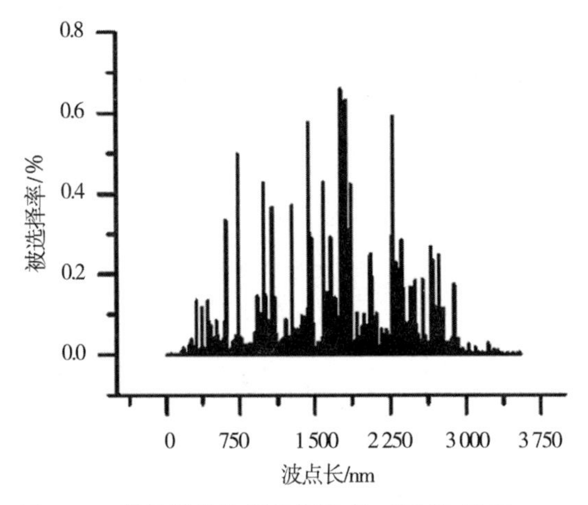

图 3-45 青蛙算法选择特征波长 c(过筛,孔径 0.5 mm)

3. 基于全波长的 PLS 模型

PLS 模型考虑光谱矩阵 **X** 和样本理化值 **Y**,建立预测模型,通过降维获取潜在变量,消除光谱无用的变量。为了较好评价检测土壤总氮含量便携式仪器的性能,对三种光谱预处理后建立的 PLS 模型进行比较,基于全波长的 PLS 模型的计算结果见表 3-17。

表 3-17 PLS 分析结果

预处理	未过筛			过筛 2 mm 孔径			过筛 0.5 mm 孔径		
	R^2	*RMSEP*	*RPD*	R^2	*RMSEP*	*RPD*	R^2	*RMSEP*	*RPD*
SG	0.35	0.012 4	1.01	0.61	0.008 2	1.52	0.62	0.008 0	1.57
RD	0.34	0.012 6	0.99	0.60	0.008 3	1.51	0.61	0.008 1	1.55
WT	0.33	0.012 7	0.98	0.58	0.008 5	1.47	0.60	0.008 3	1.51

由表 3-17 可知，比较过筛和未过筛全波长建立的 PLS 模型可知，过筛后 PLS 建模效果要优于未过筛 PLS 建模效果。过筛 0.5mm 后基于 SG 平滑预处理去噪声的光谱效果最好。预测集的决定系数为 0.62，预测均方根误差为 0.008 0，剩余预测偏差为 1.57。WT 分析虽然有效去除了光谱中的部分噪声，但也消除了部分有效信息，导致 PLS 预测效果最低，其预测集的决定系数为 0.60，均方根预测误差为 0.008 3，剩余预测偏差为 1.51。

4. 基于特征波长的 ELM 模型

基于 CARS、Random frog 和 SPA 特征波长选择算法得到的特征波长的 ELM 模型的计算结果见表 3-18。

表 3-18　ELM 分析结果

预处理	未过筛			过筛 2 mm 孔径			过筛 0.5 mm 孔径		
	R^2	*RMSEP*	*RPD*	R^2	*RMSEP*	*RPD*	R^2	*RMSEP*	*RPD*
CARS	0.31	0.012 9	0.97	0.56	0.008 8	1.42	0.57	0.008 9	1.41
Random frog	0.32	0.012 7	0.99	0.57	0.008 7	1.44	0.58	0.008 6	1.46
SPA	0.33	0.012 8	0.98	0.59	0.008 5	1.47	0.60	0.008 3	1.51

由表 3-18 可知，采用 SPA 提取的特征波长建立的 ELM 模型的效果最好，预测集的决定系数为 0.60，均方根预测误差为 0.008 3，剩余预测偏差为 1.51。采用 CARS 选择的特征波长取得了相对较差效果，预测集的决定系数为 0.57，均方根预测误差为 0.008 9，剩余预测偏差为 1.41。比较基于 CARS 和 Random frog 算法提取的特征波长建立的 ELM 模型可知，基差于 Random frog 提取特征波长的 ELM 模型效果要优于基于 CARS 提取特征波长的结果，究其原因，CARS 选择的特征波长包含有用信息的同时还含有噪声信息，没有达到最优选择。

5. 基于特征波长的 LS-SVM 模型

LS-SVM 模型预测效果见表 3-19。由表 3-19 的结果可知，采用 SPA 提取的特征波长建立的 LS-SVM 模型优于其他两种方法选择的特征波长建立 LS-SVM 模型的预测结果，类似于 ELM 模型方法，采用 CARS 提取特征波长建立的 LS-SVM 模型同样取得了相对较差的模型预测结果。基于 SPA 的 LS-SVM 模型的预测结果优于其他模型是由于 SPA 选择的特征波长达到最优，没有冗余信息，而其他方法选择的特征波长或多或少包含一些冗余信息，致使模型的预测能力下降。

表 3-19 LS-SVM 模型分析结果

预处理	未过筛			过筛 2 mm 孔径			过筛 0.5 mm 孔径		
	R^2	*RMSEP*	*RPD*	R^2	*RMSEP*	*RPD*	R^2	*RMSEP*	*RPD*
CARS	0.34	0.012 5	1.00	0.58	0.008 6	1.46	0.59	0.008 5	1.47
Random frog	0.35	0.012 3	1.02	0.59	0.008 5	1.47	0.60	0.008 4	1.49
SPA	0.36	0.012 1	1.04	0.62	0.008 0	1.57	0.63	0.007 9	1.58

6. 土壤总氮的 PLS 模型,ELM 模型和 LS-SVM 模型比较

过筛后基于 SPA 算法提取的特征波长建立的模型都取得了最优的效果。未过筛土壤样本基于 CARS、Random frog 和 SPA 算法提取的特征波长建立的模型中，PLS 模型、ELM 模型和 LS-SVM 模型的效果都较差。过筛 0.5 mm 后土壤样本基于 SPA 算法提取的特征波长建立的 LS-SVM 模型取得了最佳预测结果,其 LS-SVM 模型预测集的决定系数为 0.63,均方根预测误差为 0.007 9,剩余预测偏差为 1.58,略优于过筛 2 mm 的相应结果。LS-SVM 模型是一种非线性建模方法,考虑到了模型建立过程中的非线性因素,如土壤水分、颜色和颗粒大小等,提高了模型的预测效率。在所有模型中,ELM 模型的预测效果最差,LS-SVM 模型的效果最优。图 3-46 为过筛 0.5 mm 孔径,基于 LS-SVM 土壤总氮建模集和预测集模型检测结果。

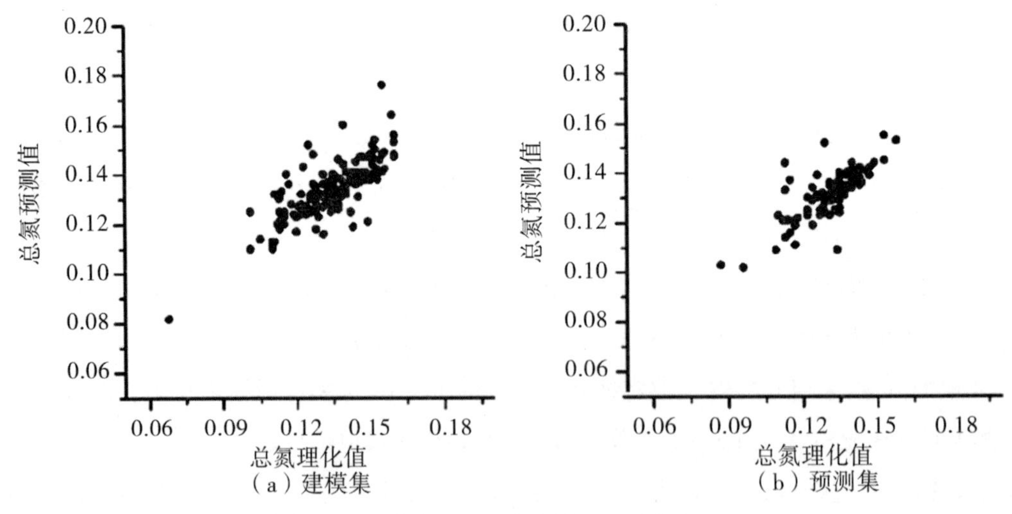

图 3-46 土壤总氮建模集和预测集模型结果

(六) 过筛和未过筛土壤样本检测总氮分析

本书基于光谱技术对过筛和未过筛土壤样本检测总氮含量进行了研究,结合 S-G 平滑算法,波长压缩算法和 WT 对原始光谱数据进行去除噪声处理。基于全光谱建立 PLS 模型。结

果表明采用S-G平滑预处理算法最优，建立的全谱PLS模型优于波长压缩算法和WT算法去噪声处理后建立的全谱PLS模型，在S-G平滑基础上，同时采用CARS算法、Random frog算法和SPA算法提取特征波长，并基于特征波长建立EML和LS-SVM土壤总氮预测模型，取得了较理想的结果。过筛后土壤样本基于连续投影算法提取的特征波长建立的LS-SVM模型取得了最佳效果，LS-SVM模型预测集的R^2为0.63，$RMSEP$为0.007 9，RPD为1.58。结果表明，由于土壤过筛和未过筛的土壤光谱噪声影响，致使检测结果各异，且经过过筛处理的土壤样本检测结果优于未过筛土壤样本检测结果，未过筛处理的土壤样本采用便携式仪器检测结果不理想，建议土壤样本检测总氮含量时进行过筛处理，且过2 mm和过0.5 mm结果相差不大，为取得更为理想的检测结果，建议在此基础上采用性能较好的光谱仪器采集数据，以减小原始光谱噪声。

五、基于近红外光谱技术检测土壤速效磷

为选择速效磷最优特征波长，并以此建立预测模型，本书基于近红外光谱技术，比较无信息变量消除算法(UVE)、遗传算法(GA)和竞争性自适应重加权算法(CARS)三种算法，并将得到的变量分别代入模型，检测土壤速效磷含量。原始光谱经CARS算法，选择特征波长26个，采用偏最小二乘回归建立速效磷预测模型，预测集的决定系数R^2为0.64，均方根误差$RMSEP$为3.80，剩余预测偏差RPD为1.67。

（一）无信息变量消除算法提取变量

无信息变量消除算法通过把和光谱变量数目相同的随机变量加入建模光谱矩阵中，建立偏最小二乘回归模型，得到新建PLS模型回归系数矩阵$\boldsymbol{B}$。计算PLS回归系数标准偏差比值$\boldsymbol{t}$_values = mean($\boldsymbol{b}_i$)/SD($\boldsymbol{b}_i$)的和均值，$\boldsymbol{t}$_values是稳定性评价参数，i为光谱矩阵中第i列向量，根据t_values值的大小，判断是否将第i列光谱变量导入到偏最小二乘回归模型中，参与建模。

图3-47中两条水平虚线中间对应的波长点不用于建模，被认为是无信息波长点(变量)，应被去除，而位于虚线外的波长点(变量)将被用于建模分析。原始光谱波长数量为2 151，通过UVE的选择建模变量数变为1 212。UVE的主成分数由偏最小二乘回归模型预测均方根误差决定，当预测均方根误差的值最小且趋于稳定时，选择此时的主成分数和建模变量用于进一步分析。

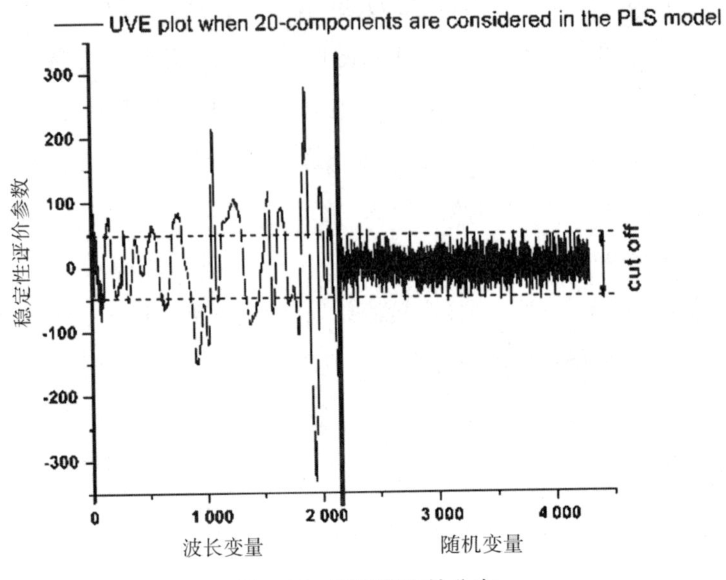

图 3-47　变量稳定性分布

（二）遗传算法选取特征波长

遗传算法是一种通过模拟生物进化随机寻优求解的常用算法，由于光谱矩阵存在信息冗余、重叠和共线性等影响因素，通过遗传算法选择变量与浓度值最相关的波长用于建模，提高模型精度同时可以简化模型。本书采用的遗传算法是 Matlab 软件自带的工具箱，建模方法为 PLS，运行遗传算法获取建模变量，取 64 个变量用于进一步分析。

（三）竞争性自适应重加权算法选取特征波长

图 3-48 为根据 CARS 算法进行关键变量提取结果。图 3-48 中(a)、(b)和(c)分别表示随着采样次数的增加，变量数、交叉验证均方差和每个变量回归系数的变化。图 3-48(a)可知，由于指数衰减函数的作用，在采样前期变量快速减少，随着采样次数增加，变量减少速度减慢，算法具有“粗选”和“精选”两个过程。图 3-48(b)可知，随着采样次数的增加，RMSECV 值呈由大到小，再到大的变化，表明在第 1～31 次采样运算中，在近红外高光谱中与土壤速效磷无关信息被去除；从第 32 次之后 RMSECV 值变大，一些关键的信息被剔出，导致模型性能变差。图 3-48(c)可知，2 151 个波长点在每次 MC 采样中回归系数的变化路径，基于第 32 次采样中获得的变量子集建立的 PLS 模型 RMSECV 值最小，该子集共包含 26 个波长。利用 CARS 算法选取的 26 个波长与全谱波长、UVE 选择的波长及 GA 选择的波长分别建立 PLS 模型进行比较，结果见表 3-20。

表 3-20　土壤样本速效磷建模集和预测集统计

属性	样本数/个	最小值	最大值	均值	方差
建模集 P /mg kg^{-1}	263	9.18	49.46	26.41	7.52
预测集 P /mg kg^{-1}	131	11	45	26	6.34

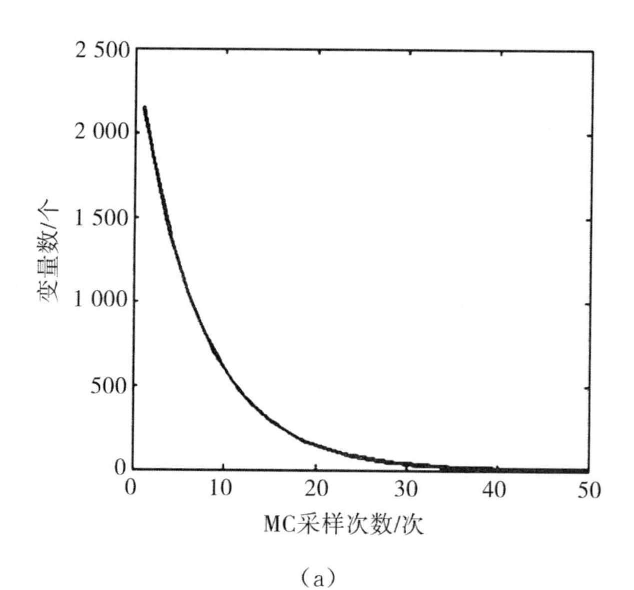

(a)

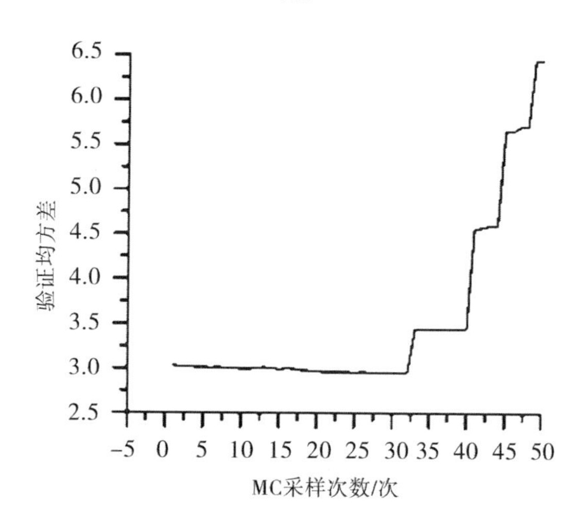

(b)

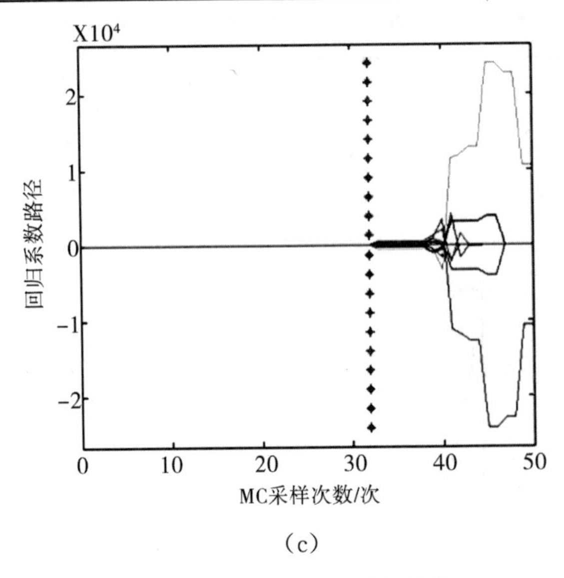

(c)

图 3-48 CARS 提取特征波长

由表 3-21 可以看出,无信息变量消除算法得到的 1 212 个波长并不是最优特征波长集,还存在大量冗余信息,只是消除了部分无信息变量,无信息变量消除算法选出的变量波长点之间还存在信息重叠,而遗传算法进一步去除了冗余信息,减小了模型运算量,无信息变量消除算法结合遗传算法选择的特征波长更具有代表性。从表 3-21 还可以看出,直接采用遗传算法得到的变量个数是 64 个,CARS 算法获取的变量个数是 26 个,26 个变量模型预测集的 *RPD* 值为 1.67,优于采用遗传算法得到的 64 变量建模结果,其预测集的 RPD 值为 1.41,基于 CARS 算法的建模集和预测集决定系数 R^2 分别为 0.7 和 0.64,说明采用 CARS 算法得到的建模变量建立的模型还是比较稳定的,遗传算法得到的特征波长的数量,比单独采用无信息变量消除算法得到的数量有所降低,而 CARS 算法得到的特征波长的数量,又比单独采用遗传算法得到的数量低,说明原始光谱经过 CARS 算法选择的 26 个特征波长更具有代表性,可以用来建立稳定的土壤速效磷预测模型。

表 3-21 PLSR 模型不同特征波长土壤速效磷建模集和预测集模型评价结果

光谱数据	变量数/个	建模集			预测集		
		R^2	*RMSEC*	*RPD*	R^2	*RMSEP*	*RPD*
Raw spectra	2 151	0.68	4.28	1.76	0.65	3.73	1.70
Raw spectra +UVE	1 212	0.67	4.29	1.75	0.64	3.81	1.66
Raw spectra +GA	64	0.67	4.24	1.70	0.53	4.50	1.41
Raw spectra + CARS	26	0.70	4.10	1.83	0.64	3.80	1.67

（四）结论

相比于其他两种特征波长选择方法，CARS 可以减少原始光谱中大部分无信息波长变量，同时减少原始光谱中存在的共线性波长变量。

六、蒙特卡罗无信息变量消除算法结合遗传算法检测土壤速效钾

以火焰光度计测定速效钾，土壤样本理化值统计参数如表 3-22 所示。

表 3-22 土壤速效钾含量理化统计结果

属性	最小值	最大值	均值	方差
K/mg・kg^{-1}	25	90	66	15.86

（一）遗传算法选取特征波长

首先采用遗传算法获取 102 个波长变量。

（二）MC-UVE 结合 GA 选取建模变量

MC-UVE 算法每次从样本集中抽取一定比例的土壤样本，作为偏最小二乘回归模型输入建立模型，如此反复执行 N 次，通过评价每个波长点的稳定性进行波长选择。说明一点，蒙特卡罗无信息变量消除算法工具箱里采用的 PLSR 建模方法，模型返回的结果与 Unscambler 软件 PLSR 模型返回结果不一致，原因是蒙特卡罗无信息变量消除算法工具箱里采用的 PLSR 建模方法为快速建模方法，参数不同，可以理解成蒙特卡罗无信息变量消除算法主要作用为提取最优建模变量，要看这些建模变量 PLSR 模型返回的结果，最好把这些建模变量导入 Unscambler 软件里重新建模分析。根据评价波长绝对值大小，决定是否把第 i 列波长点数据加入偏最小二乘回归模型数据中。图 3-49 给出了波长数目从 1～102 之间每隔 10 个变量所得 PLS 模型的 $RMSEP$ 值。当建模变量数目为 50 时，对应的均方根误差最小，故在遗传算法基础上，经过蒙特卡罗无信息变量消除算法选择确定的建模变量数为 50。图 3-50 显示当保留变量数目为 50 时，$RMSECV$ 和 $RMSEP$ 的值最小，分别为 13.90 和12.46。最初 $RMSECV$ 和 $RMSEP$ 的值都很大，随着保留变量数目的增加，$RMSECV$ 和 $RMSEP$ 的值均急剧减小。当保留变量数目继续增多时，$RMSEP$ 的值稍有变大。这表明当选用波长数量过多时，无用的波长信息也会影响预测结果，当保留较少波长数量时，有用信息波长不能全部被模型所包含。取图 3-51 中间虚线外侧对应的变量为建模变量即取 50 个变量导入 Unscambler 软件用于下一步 PLSR 建模分析。

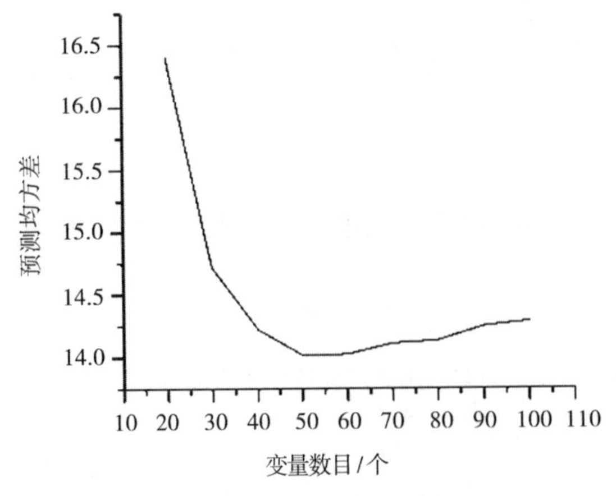

图 3-49　MC-UVE 确定建模变量数

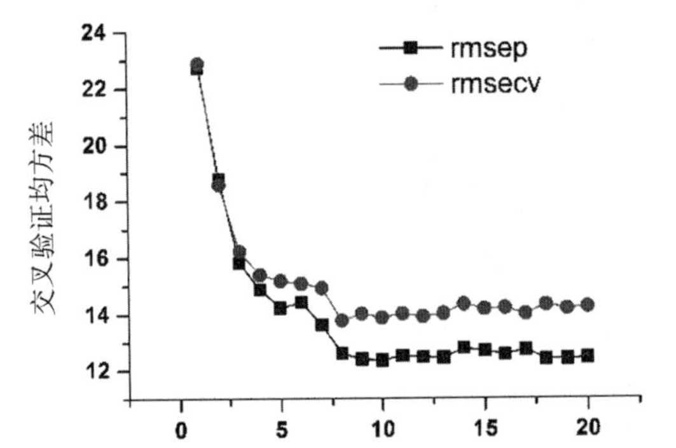

图 3-50　不同主成分数的 UVE 得到的 RMSECV 和 RMSEP

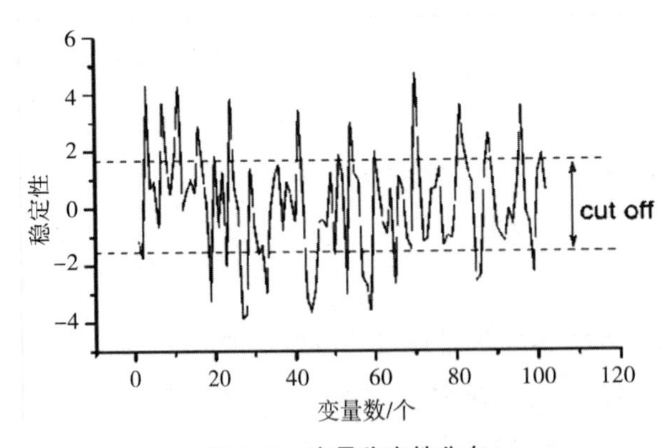

图 3-51　变量稳定性分布

由表 3-23 可以看出，原始光谱矩阵 $\boldsymbol{X}$ 经过蒙特卡罗无信息变量消除算法结合遗传算法得到的建模变量，用于建立 PLSR 模型并不会降低模型预测精度，且结果稍有提高。说明遗传算法得到的 102 个波长并不是最优建模变量集，还存在冗余信息，选出的变量波长点之间还存在信息重叠，而蒙特卡罗无信息变量消除算法进一步去除了冗余信息，减小了模型运算量，蒙特卡罗无信息变量消除算法结合遗传算法选择的建模变量更具有代表性。从表3-23还可以看出，如果直接采用遗传算法得到的变量个数是102个，遗传算法后利用蒙特卡罗无信息变量消除算法获取的变量个数是50个，50个变量模型建模集的 *RPD* 值为1.83，优于采用遗传算法得到的102个变量建模结果，其建模集的 *RPD* 值为1.82，同时两者的建模集和预测集决定系数 R^2 分别为0.70和0.68，说明两者的模型还是比较稳定的，蒙特卡罗无信息变量消除算法结合遗传算法得到的建模变量的数量，比单独用遗传算法得到的建模变量的数量少，说明原始光谱经过遗传消除算法运算后，再进一步应用蒙特卡罗无信息变量消除算法选择的50个建模变量更具有代表性，可以用来建立稳定的土壤速效钾预测模型。

表3-23　PLSR模型不同建模变量土壤速效钾建模集和预测集模型评价结果

光谱数据	变量数/个	建模集			预测集		
		R^2	*RMSEC*	*RPD*	R^2	*RMSEP*	*RPD*
Raw spectra	2 151	0.68	7.14	1.80	0.67	6.51	1.65
Raw spectra +GA	102	0.69	7.03	1.82	0.68	6.44	1.71
Raw spectra +GA+MC-UVE	50	0.70	7.00	1.83	0.68	6.45	1.70

（三）结论

应用近红外光谱分析技术检测土壤速效钾含量，原始光谱建模变量为2 151个，采用遗传算法选择了其中102个波长，然后再利用蒙特卡罗无信息变量消除算法进一步获取到50个新的变量集合用于建立PLS模型，原始光谱依次经过遗传算法和蒙特卡罗无信息变量消除算法后选择的50个变量更具有代表性，可以用来建立土壤速效钾预测模型。

第四章　基于光谱技术的种子品质检测

第一节　基于高光谱技术的种子品种识别

在建立不同品种的玉米种子和大豆种子高光谱数据库后，为实现种子品种识别，主要结合数据分析方法，应用提取的光谱信息，通过预处理以及特征选择和降维，再基于 ELM、KNN、SVM、DT 和 Bagging 分类识别算法建立种子品种识别模型，并比较不同模型的识别效果。

一、基于高光谱技术的玉米种子品种识别

（一）玉米种子光谱分析

提取玉米种子高光谱图像的感兴趣区域，图 4-1 是 10 个品种玉米种子的原始光谱反射率。横坐标为波长，范围是 370～1 042 nm，分成了 128 个波段。纵坐标为光谱反射率，为归一化后的数值。图 4-2 是不同品种的玉米种子平均光谱反射率曲线。

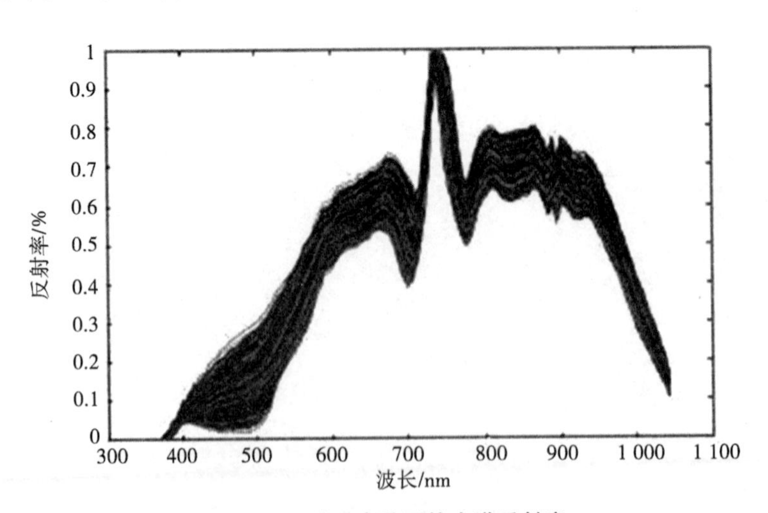

图 4-1　10 种玉米种子的光谱反射率

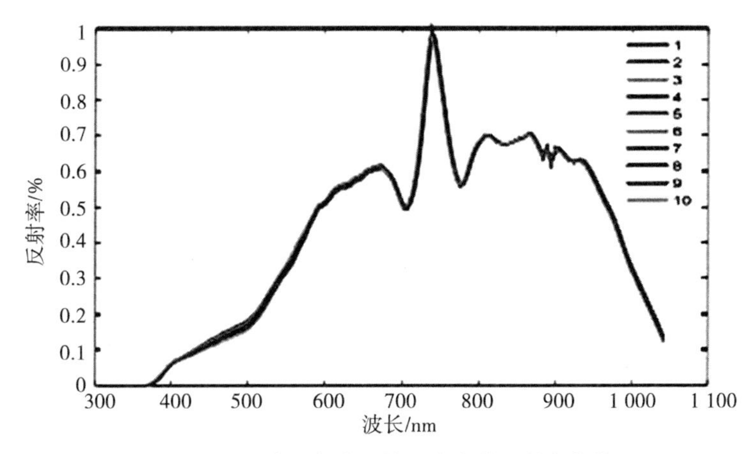

图 4-2　10 种玉米种子的平均光谱反射率曲线

由于进行种子光谱数据采集时，光源照射在种子样本上，其内部组织中的各种化学键会吸收光子的一部分能量，而吸收的能量多少或种类与样本的化学成分是有关的。

可以发现，不同品种玉米种子的光谱反射率曲线密集，走势基本一致，在 400～738 nm 区域，光谱整体呈现攀升的趋势。在 800～950 nm 范围，光谱整体呈现平坦趋势。说明其内部具有相似的组成成分。同时由于种子的大小、颜色、千粒重等各方面的原因，导致种子的光谱反射率曲线虽相似度高，但仍然有一定差异性。在 400～700 nm(可见光区域)反射率较低，这可能是种子内的类胡萝卜素等色素强烈吸收光导致光谱反射率较低。760 nm 是水的吸收峰。750～900 nm 范围内表现的是与水相关的 OH 官能团的三次泛音拉伸。820 nm 吸收峰是类胡萝卜素含量的表征。集中在 850～950 nm 处的波峰和波谷可能与 C-H 键的第三次超调振动有关。880～900 nm 处表现出偏低的反射率，这可能是受到 C-H_3(甲基)、C-H_2(亚甲基)、C-H(次甲基)和水的 O-H(羟基)键第三次谐波拉伸的组合吸收带的影响。960～980 nm 附近较强吸收峰是由碳水化合物和水产生 O-H 键第二泛音的共同作用造成的。

获得全谱段光谱数据后，分别用 S-G、SNV 和 MSC 对光谱数据进行预处理。S-G 平滑滤波可以消除高频随机误差，方法是“平均”或“拟合”平滑点的前后若干点，以消除随机噪声，求得最佳估值。这种平滑的方法可有效平滑高频噪声，提高信噪比。MSC 能有效地消除样本间散射影响所导致的基线平移和偏移现象，提高原吸光度光谱的信噪比。图 4-3 是 MSC 预处理后的平均光谱。相较于原始平均光谱，它使不同品种玉米种子的光谱在一些波段范围内有更大的区分度，如 400～600 nm 和 900～950 nm 两个范围。这是类胡萝卜素的微小差异，且由表4-1可知是种子内部成分(水分，糖类，淀粉、脂肪和蛋白质等)的微小差异，具体的各成分吸收信息见表 4-1。

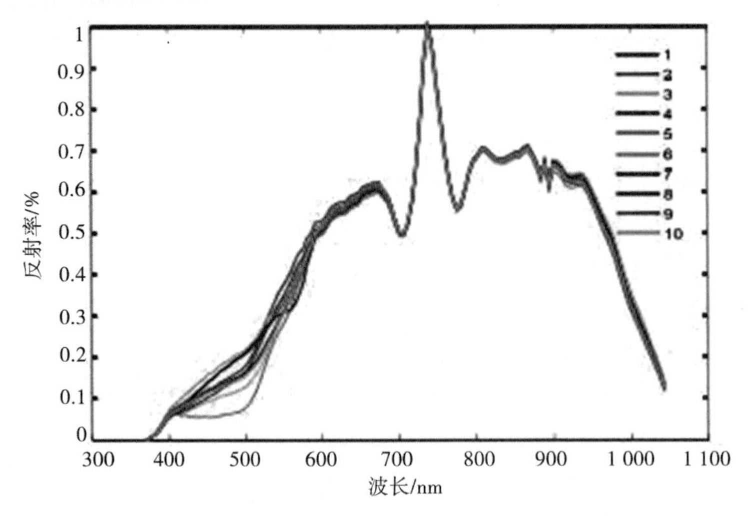

图 4-3 玉米种子光谱经 MSC 预处理后的光谱反射率曲线

尽管不同种子的平均光谱可以反映一定的规律，但由于生物样本的个体差异大，它并不能代表所有样品的信息。这些光谱差异能提供定性分析，不能直接用于识别，但是可以为基于光谱技术进行种子品种识别奠定有利基础。

表 4-1 常见的农产品各成分短波近红外区域吸收特征波长/nm

水分	糖类	淀粉	蛋白质	脂肪
834	838	878	874	891
938	888	901	909	913
958	913	918	979	931
978	978	979	1 018	965
1 018	1 005	1 039	1 051	979
1 054		1 053		998
		1 068		1 018
		1 088		1 054

（二）特征选择与降维

1. 基于 SPA 的特征选择与降维

高光谱数据由多个波段组成，含有大量冗余信息及噪声，具有多重共线性和冗余性。连续投影算法(SPA)是一种前向选择算法。对于高光谱数据，则从样本数据中充分计算包括最小限度的冗余特征的样本组，直到样本之间的共线性达到最低，被认为是一种有效的波段选择方法。以往的研究表明，它可以有效地减小变量之间的共线性。SPA 包含三个主要步骤：①根据光谱矩阵的列上的最大投影值选择候选变量；②用均方根误差对所有选择的变量进行评价；③删除与预测的属性无关的变量。算法简要介绍如下：

记 $\boldsymbol{x}_{k(0)}$ 为初始迭代向量，N 为需要提取的变量个数。光谱矩阵为 j 列：

(1)任选 1 列光谱矩阵 j，并赋值给 $\boldsymbol{x}_j$，记为 $\boldsymbol{x}_{k(0)}$；

(2)把其他列向量记为 $\boldsymbol{s}$，$\boldsymbol{s}=\{j,1\leqslant j\leqslant J,j\notin[k(0),\cdots,k(n-1)]\}$；

(3)分别计算 $\boldsymbol{x}_j$ 对 $\boldsymbol{s}$ 投影：$\boldsymbol{Px}_j=\boldsymbol{x}_j-[\boldsymbol{x}_j^T\boldsymbol{x}_{k(n-1)}]\boldsymbol{x}_{k(n-1)}[\boldsymbol{x}_{k(n-1)}^T\boldsymbol{x}_{k(n-1)}]^{-1},j\in\boldsymbol{s}$；

(4)记 $k(n)=\arg(\max(\|\boldsymbol{Px}_j\|),j\in\boldsymbol{s}$；

(5)令 $\boldsymbol{x}_j=\boldsymbol{Px}_j,j\in\boldsymbol{s}$；

(6)$n=n+1$，如果 $n<N$，回到(2)循环。

最终提取出对应于每一个 $k(0)$ 和 N 的 $[\boldsymbol{x}_{k(n)}=0,\cdots,N-1]$，循环一次后再进行多元线性回归分析，得到验证集的均方根误差，其中最小的均方根误差值对应的 $k(0)$ 和 N 就是最优值。一般 SPA 选择的 N 不能很大。

从特征选择的角度出发，采用 SPA 算法，从 128 个经过不同预处理的原始样本集中提取特征谱段。所选特征波长的数量范围设置为 5 到 20。如图 4-4 所示，分别在 S-G、SNV 和 MSC 预处理下获得了 7 个、7 个和 6 个特征波长，选定的特征波长如表 4-2 所示。根据说明分析得到提取的特征波长接近氢的振动。根据常见农产品成分短波近红外区域吸收特征波长可知，所选波长还保留了与水分、糖类、淀粉和蛋白质吸收区域相近的波长，表明所选特征波长具有代表性，可用于建立识别模型。

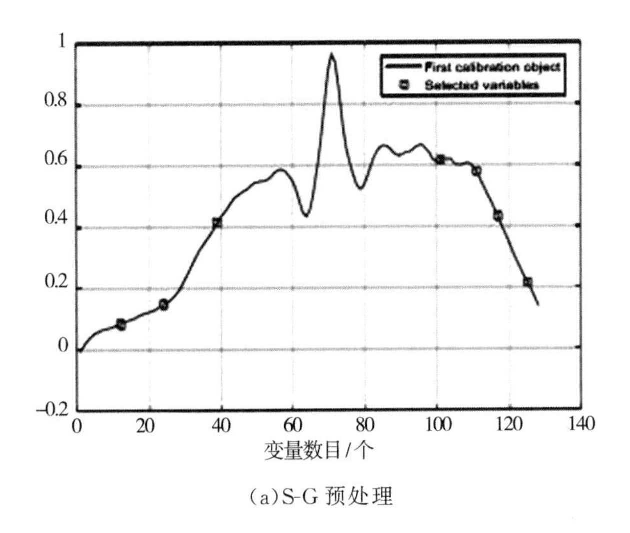

(a)S-G 预处理

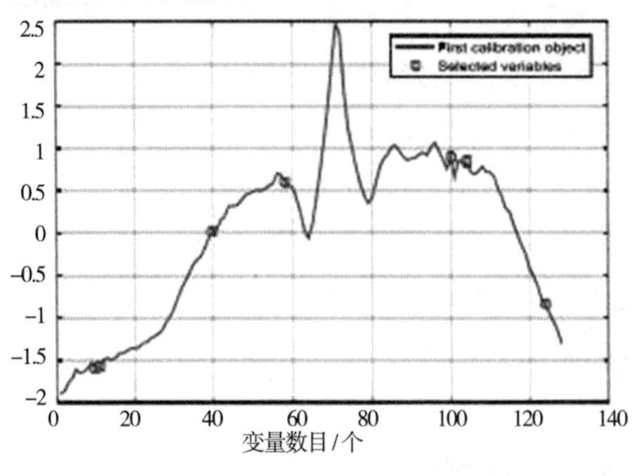

(b)SNV 预处理

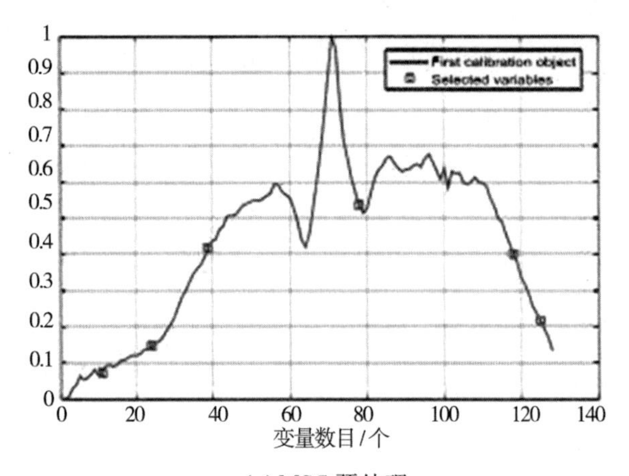

(c)MSC 预处理

图 4-4　加权图

表 4-2　特征波长的选择

预处理	特征波长/nm
SG	426,487.4,565,894.3,948.8,981.7,1 025.7
SNV	415.8,420.9,570.1,664.4,888.9,910.6,1 020.2
MSC	420.9,487.4,565.0,770.5,987.2,1 025.7

2.基于 PCA 的特征选择与降维

PCA 是一种常用的降维映射方法，将原来相关性较强的原始特征映射为一组新的特征。映射后的特征变量是原始矩阵的线性组合，各个变量之间线性不相关，即为主成分。其步骤如下：

(1)求原始数据的协方差矩阵 $\boldsymbol{S}_x$；

(2)算出 $\boldsymbol{S}_x$ 的全部特征值 $\lambda_1, \lambda_2, \cdots, \lambda_n$ 和对应的特征向量 $\boldsymbol{u}_1, \boldsymbol{u}_2, \cdots, \boldsymbol{u}_n$ 。其中，$\lambda_1 \geqslant \lambda_2 \geqslant \cdots \geqslant \lambda_n$ ；

(3)定义第 i 个主成分的方差贡献率为 $\lambda_1/(\lambda_1 + \lambda_2 + \cdots + \lambda_n)$ 。

则前 m 个主成分的累计方差贡献率为 $(\lambda_1 + \lambda_2 + \cdots + \lambda_m)/(\lambda_1 + \lambda_2 + \cdots + \lambda_n)$ ，当前 m 个主成分的累计贡献率达到一定比例，如 90%以上，即可解释大部分高光谱数据信息。

经过 PCA 处理的数据，几个主成分即可表征数据的大部分原始信息，减少数据冗余。使用 PCA 提取玉米种子的特征波长，输入分类模型中，可提高分类识别效率。

从特征提取的角度出发，采用 PCA 方法，作用对象为提取出的全谱段高光谱数据。对预处理后的光谱数据进行 PCA 分析。通过 PCA 映射矩阵对样本进行投影。从而实现了对样本数据特征的选择，即实现了特征降维。在 PCA 投影降维中，如果投影后的维数过低，很可能影响模型的识别或检测精度。反之，影响后期数据处理效率。图 4-5 给出不同预处理情况下前 5 个主成分对原始变量的贡献程度。纵坐标为主成分的累积可信度，即主成分能够解释原始光谱的程度。横坐标为主成分数目，依次为 PC_1 至 PC_5。由图可知，在 S-G、SNV、MSC 预处理后前 5 个主成分的累积贡献率分别达到 98.41%、98.07%和 98.07%，说明前 5 个主成分可代表原来 128 个变量。

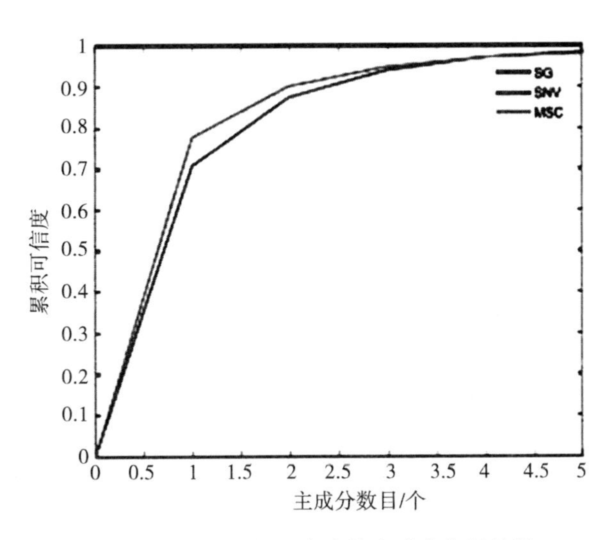

图 4-5　不同预处理方法的主成分分析结果

上述主成分分析把原来的 128 个波段变量压缩成了彼此正交的新变量，且能代表绝大部分原变量的信息。因此选取前 5 个主成分进行分析。

(三) 种子识别方法

1. 极限学习机

极限学习机(ELM)是由 Huang 等人提出的一种针对单隐含层前馈 ANN 的模式识别方

法。该算法输入层与隐含层之间的权重由随机产生，只需设置好隐含层神经元个数就可以实现算法。

2. K 最近邻算法

K 最近邻算法(k-nearest neighbor，KNN)是一种解决回归和分类的模式识别手段。算法思想如图 4-6 所示，有两类不同的数据集，分别由小正方形和小三角形作为代表。正中间的圆形表示的数据属于未知数据。KNN 的解题思路：当 $K=3$，距离绿色样本最近的 3 个实例中(实线圆内)，有 2 个三角形、1 个正方形。少数从属于多数，判定待分类点属于三角形一类。

当 $K=5$，距离圆形样本最近的 3 个实例中(虚线圆内)，分别是 2 个三角形和 3 个正方形，则该样本属于正方形一类。由此可见，分类关键是测量距离的方式，常用闵可夫斯基距离测量。

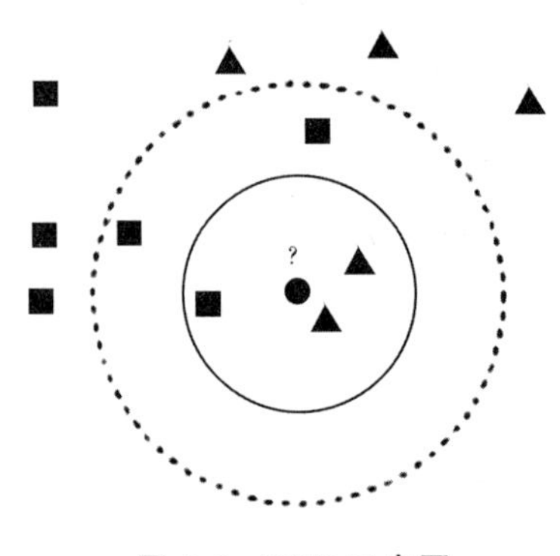

图 4-6 KNN 示意图

算法步骤如下：

假设输入的训练数据集 $T=\{(x_1,y_1),(x_2,y_2),\cdots,(x_n,y_n)\}$，其中 $x_i\in R^n$。样本 x 所属的标签为输出。

首先在训练集 T 中计算并找到与 x 距离最近的 k 个样本。根据选择的距离测量方式计算距离。涵盖这 k 个样本的 x 的邻域记作 $N_k(x)$，然后在 $N_k(x)$中根据分类方法(投票法或者加权投票法)获得 x 的标签 y：

$$y=\arg\max_j\sum_{x_i\in N_{k(x)}}I\{y_i=c_i\}(i=1,2,\cdots,n;j=1,2,\cdots,k) \tag{4-1}$$

闵可夫斯基距离测量的定义：

$$D(x,y)=\left(\sum_{i=1}^{m}|x_i-y_i|^p\right)^{\frac{1}{p}} \tag{4-2}$$

其中，$p\geqslant 1$，当 $p=2$ 时，是欧氏距离，当 $p=1$ 时，是曼哈顿距离。

3. 支持向量机

支持向量机(SVM)是对学习样本求解最大边距超平面。对于传统的模式识别方法，一般而言样本数量越多，模型越稳定。支持向量机在样本量不太大、非线性和高维稀疏的目标识别和分类中发挥出特有的优点。

SVM 的目标是构造一个判别函数,尽可能将两类数据进行区分。根据模式的具体情况,SVM 有三种类型:

(1)线性可分的支持向量机。

图 4-7 所示为二维两类线性可分的情况,圆形点和正方形点分别表示两类数据集。K 表示正确分开两类样本的分类线。K_1 是经过圆形类样本距离分类线最近的点且平行于分类线的直线。K_2 是经过正方形类样本距离分类线最近的点且平行于分类线的直线。K_1 和 K_2 上的点就称为支持向量。它们之间的间隔为分类间隔。*SVM* 的目的是使得分类间隔最大,且正确地分开两类样本。

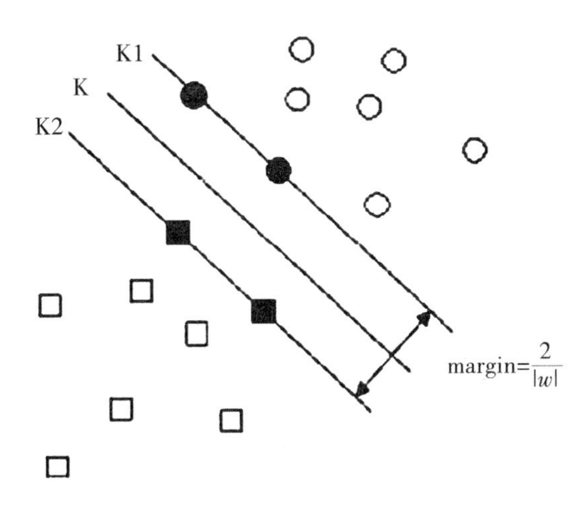

图 4-7　最优分类平面示意

(2)非线性可分的支持向量机。

SVM 输入样本为非线性,如果投影到高维空间可能转换成可分情况。一般将样本进行非线性映射,投影到高维空间。在高维空间中构造出线性最优分类面将样本进行划分。此时需要引入核函数机制。投影通过核函数完成。

(3)非线性不可分情况。

SVM 通过引入松弛变量构造软间隔分类器,使其可应用于不可分情况。引入松弛变量和惩罚因子,使得分类器允许某些样本犯错,允许某些样本不满足硬间隔约束条件。软间隔分类器同样适用于非线性 SVM,提高其普遍适用性。

支持向量机的性能优良、学习速度快。在处理量不大的数据集以及较多属性或者高维数据时有一定优势。使用不同的核函数,可得到不同的分类曲面。常用的核函数有两种,一种是多项式核函数,另一个是高斯核函数。

(4)LS-SVM。

Suykens J. A. K 提出了一种新型支持向量机方法用于解决分类和函数估计问题——最小二乘支持向量机。由于 LS-SVM 采用了最小二乘法,简化了计算的复杂性。因此运算速度明显快于 SVM 的其他方法。

不同于 SVM,LS-SVM 把不等式约束变换为等式约束,得到的是一组线性方程组的求解问题。

(5)LibSVM。

SVM 算法作为典型的判别模型方法之一,最初为解决二分类问题而设计。但 SVM 可应用于多分类中,将多分类问题转换为一系列二分类问题,得出判别结果。

台湾大学林智仁等开发设计了 LibSVM 模式识别与回归的软件工具箱。该工具箱可以实现多分类,方法是一对一。其思路为在任意两类样本中设计一个 SVM 分类器,则 N 类样本需要设计 $N(N-1)/2$ 个 SVM 分类器。在训练完所有的 SVM 分类器后,当输入新的样本数据,根据少数服从多数的方法,以得票最多的标签为依据,判断该样本属于哪一类别。

(四) 玉米种子品种识别方法研究

基于全谱段和特征波段,利用 ELM、KNN 和 SVM 分类识别算法建立玉米种子品种识别模型。玉米种子 10 个品种共 960 粒,每个品种样本在训练集与测试集的分配中满足 3∶1 的比例,即 720 粒用于建模集,240 粒用于预测集,并对结果进行比较和分析。

1. 基于全谱段的玉米种子识别

ELM 是广泛应用的 BP 神经网络的改进型。且其识别效果优越,将其作为神经网络模型的代表进行种子品种识别。KNN 在训练数据集中找到与该实例最邻近的 K 个实例,这 K 个实例的多数属于某个类,就把该输入实例分类到这个类中。本书 SVM 算法使用 LibSVM(C-SVC)实现。对测试样本进行识别分类时,采取投票形式得到最终分类结果。SVM 核心问题是惩罚因子 C 和核函数 g。基于交叉验证和网格搜索选取超参数。

基于玉米种子全谱段光谱数据,利用 S-G、SNV 和 MSC 三种去噪方法处理光谱,并进行 ELM、KNN 和 SVM 判别方法的比较分析,表 4-3 给出了三种模型的识别效果的比较结果。

表 4-3　基于全谱段的 ELM、KNN 和 SVM 法的玉米种子识别建模结果比较

分类模型	预处理	建模集(720 粒)识别数/个	建模集识别率/%	预测集(240 粒)识别数/个	预测集识别率/%
ELM	未处理	652	90.56	196	81.67
ELM	SG	669	92.92	201	83.75
ELM	SNV	690	95.83	203	84.58

续表

分类模型	预处理	建模集(720粒)识别数/个	建模集识别率/%	预测集(240粒)识别数/个	预测集识别率/%
ELM	MSC	673	93.47	198	82.5
KNN	未处理	577	80.14	167	69.58
KNN	SG	662	91.94	189	78.78
KNN	SNV	662	91.94	187	77.92
KNN	MSC	670	93.05	190	79.16
SVM	未处理	659	91.53	206	85.83
SVM	SG	684	95	201	83.75
SVM	SNV	716	99.34	206	85.83
SVM	MSC	716	99.44	236	98.33

由表4-3可知，不同的预处理方式对模型的建模集和预测集准确率均有一定影响。总体来说，SVM模型优于ELM和KNN。SVM模型，MSC预处理方式下建模集和预测集精度都达到最高，分别为99.44%和98.33%，为最优结果。ELM模型次之，SNV预处理的建模集和预测集精度均达到最高，分别为95.83%和84.58%。KNN模型最差，MSC预处理方式下，建模集和预测集精度分别93.05%和79.16%。总体来说，SVM模型的识别优于ELM和KNN模型，且效果更为稳定，且基于MSC处理方法优于其他预处理方法。

2. 基于特征波段的玉米种子识别

基于以上研究，建立基于SVM的不同特征降维方法的种子品种识别模型，比较不同预处理方法对降维方法的影响。基于SPA方法，不同的预处理方法获得特征波长不相同；通过主成分分析法，获得5个主成分。基于特征波长和主成分的SVM判别分析结果，如表4-4所示。

表4-4　基于特征波长与主成分的SVM建模结果对比

模型输入	预处理	建模集识别数/个	建模集识别率/%	预测集识别数/个	预测集识别率/%
SPA	SG	689	95.69	225	93.75
SPA	SNV	670	93.06	211	87.92
SPA	MSC	695	96.53	218	90.83
PCA	SG	716	99.44	238	99.17
PCA	SNV	720	100	236	98.33
PCA	MSC	720	100	236	98.33

由表4-4可以看出，预处理后，基于SPA和PCA的SVM模型建模集的准确率均在93%

以上,预测集的准确率均在87%以上;PCA法稍优于SPA,准确率均在98.33%以上。预处理方法对于降维后的模型识别效果干扰不大。

另外,通过与表4-3全谱段数据建模的结果比较,可以发现基于特征降维的SVM模型效果与全谱段的效果相近,说明特征降维的方法可行。因此,基于SVM模型可以有效识别玉米种子的品种。

二、基于高光谱技术的大豆品种识别

(一)大豆种子光谱分析

提取大豆种子高光谱图像的感兴趣区域,图4-8给出了大豆种子所有样本的原始光谱(370~1 042 nm)及五个品种的平均光谱。与不同玉米种子类似,由于其内部成分具有相似性,使得不同品种大豆种子光谱间存在明显重叠且光谱趋势高度一致。而这五个品种的平均光谱虽然在一些波段有交叉,但是大部分波段能在反射率上体现出明显差异。

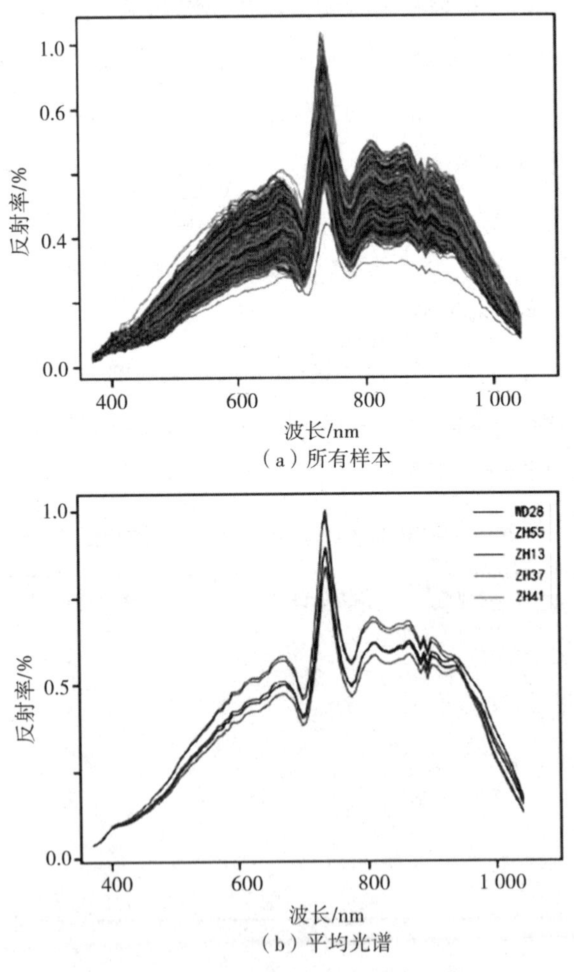

(a)所有样本

(b)平均光谱

图4-8 不同品种大豆种子的光谱

同样可以发现，不同品种大豆种子的光谱反射率曲线密集，走势基本一致。在400～738 nm区域，光谱整体呈现攀升的趋势，在800～950 nm范围，光谱整体呈现平坦趋势。说明其内部具有相似的组成成分。同时由于种子的大小、颜色、千粒重等各方面的原因，导致种子的光谱反射率曲线虽相似度高，但有一定差异性。在400～700 nm(可见光区域)反射率较低，原因可能是种子内的类胡萝卜素等色素强烈吸收光导致光谱反射率较低。820 nm附近吸收峰是类胡萝卜素含量的表征。集中在850～950 nm处的波峰和波谷可能与C-H键的第三次超调振动有关。880～900 nm处表现偏低的反射率，这可能是受到$C\text{-}H_3$、$C\text{-}H_2$、C-H和水的O-H键第三次谐波拉伸的组合吸收带的影响。960～980 nm附近较强吸收峰是碳水化合物和水产生O-H键第二泛音的共同作用造成的。

由图4-8可知，光谱中存在一定噪声，同时伴随着光谱的基线漂移和光谱的不重复性，SG预处理后的平均光谱如图4-9所示。相较于原始平均光谱，它使不同品种大豆种子的光谱在一些波段范围内有更好的区分度，如580～701 nm和775～900 nm之间。根据表4-1可知，这是类胡萝卜素的微小差异和种子内部成分(水分，糖类，淀粉、脂肪和蛋白质等)的差异。

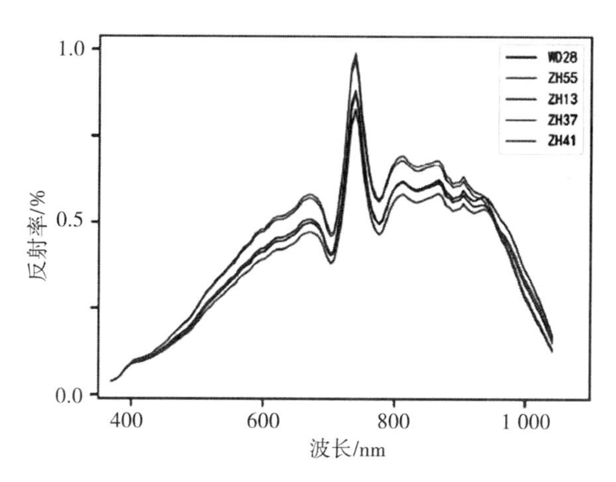

图4-9　大豆种子光谱S-G预处理后的平均光谱

(二) 基于PCA的特征波段选择

经预处理后，利用主成分分析法对大豆品种在370～1 042 nm波长范围内各波长平均光谱反射率进行分析，获得主成分贡献率如图4-10所示。贡献率反映了相应的主成分在整个数据中的占比，累计贡献率反映了前n个主成分能替代原始变量的可靠性。图4-11中显示，前三个主成分的贡献率为96.8%，可代表大部分光谱信息，因此选取前三个主成分进行特征波长提取。

每个主成分均为128个波段下平均光谱反射率的线性组合。为确定各个主成分中信息表达的主要波长，绘出了三个主成分中各个波段的权重系数，如图4-11所示。

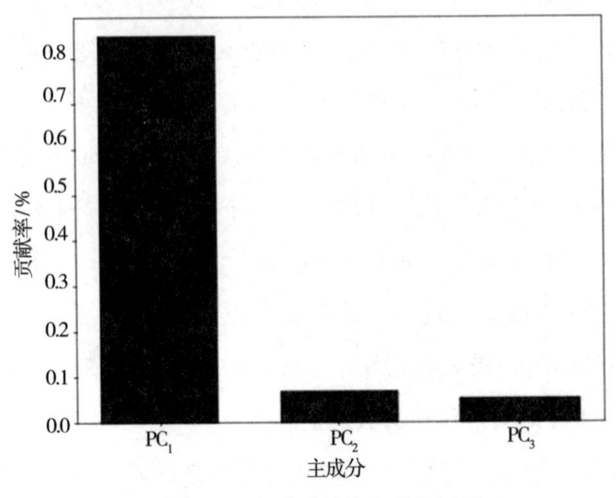

图 4-10　光谱反射率主成分贡献

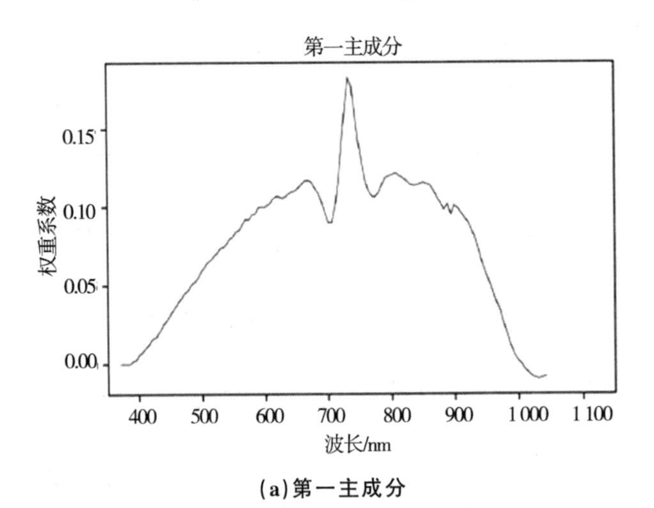

(a)第一主成分

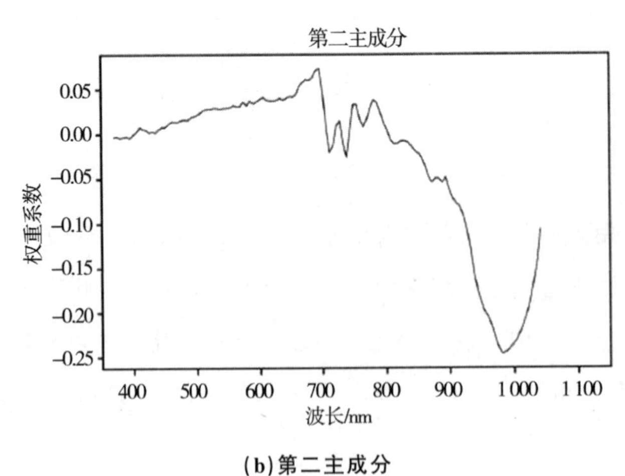

(b)第二主成分

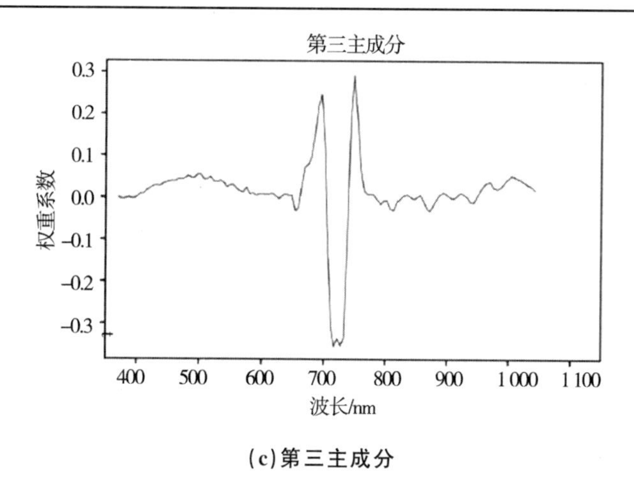

(c)第三主成分

图 4-11　各主成分的权重系数

根据图 4-11 所示的前三个主成分的波长权重系数，从每个主成分中选择权重系数最高的前 5 个波长作为特征波长，剔除重复波段后共选择 15 个波段作为最优波段，分别为 733.1 nm、738.4 nm、727.8 nm、743.7 nm、749.1 nm、696.0 nm、690.7 nm、685.4 nm、674.9 nm、680.1 nm、754.4 nm、701.3 nm、680.1 nm、669.6 nm 和 759.7 nm。分析得到提取的特征波长接近氢的振动。表明所选特征波长具有代表性，可用于建立识别模型。

（三）大豆种子品种识别方法

基于全谱段和特征波段，利用 ELM、KNN 和 SVM 等 5 种分类识别算法建立大豆种子品种识别模型。每个品种样本在建模集与预测集的分配中满足 3∶1 的比例。并对结果进行比较和分析。

1. 基于 ELM、KNN 和 SVM 的大豆种子品种识别

与玉米种子识别方法近似，基于大豆种子全谱段光谱数据和特征波长对 5 个大豆品种进行识别研究。利用 SG 和 MSC 去噪方法处理光谱，并进行了基于 ELM、KNN 和 SVM 的判别方法的对比分析。

对每类大豆种子的 300 个样本的光谱数据，均按照 3∶1 随机划分建模集和预测集，建模样本总数为 1 050 个，预测样本总数为 450 个。由于光谱信息中含有大量噪声，会对判别模型产生一定的影响，表 4-5 中比较了原始数据与对数据预处理之后的模型判别性能。

从表 4-5 可见，预处理方法可以有效提高识别准确率。不同的预处理方式对模型的建模集和预测集准确率影响明显。与全谱段判别模型相比，基于 PCA 选择出 15 个特征波段建立的判别模型的建模集和预测集的准确率都明显下降。

表 4-5　基于 ELM、KNN 和 SVM 方法的大豆种子判别模型比较

实验对象	分类模型	波段数	光谱数据集	建模集(1 050 粒)识别数/个	建模集准确率/%	预测集(450 粒)识别数/个	预测集准确率/%
大豆种子	ELM	128	原始光谱	927	88.29	365	81.11
	ELM	128	原始光谱+SG	1 006	95.81	412	91.56
	ELM	128	原始光谱+MSC	953	90.76	394	87.56
	SVM	128	原始光谱	970	92.38	379	84.22
	SVM	128	原始光谱+SG	990	94.29	388	86.22
	SVM	128	原始光谱+MSC	991	94.38	401	89.11
	KNN	128	原始光谱	890	84.76	321	71.33
	KNN	128	原始光谱+SG	889	84.67	323	71.78
	KNN	128	原始光谱+MSC	949	90.38	363	80.67
	ELM	15	原始光谱+PCA	700	66.67	261	58
	ELM	15	原始光谱+SG+PCA	750	71.43	278	61.78
	SVM	15	原始光谱+PCA	667	63.52	262	58.22
	SVM	15	原始光谱+SG+PCA	714	68	270	60
	KNN	15	原始光谱+PCA	735	70	230	51.11
	KNN	15	原始光谱+SG+PCA	802	76.38	284	63.11

从表 4-5 中还可以得出，基于全谱段的 ELM+SG 模型获得了最优结果，建模集和预测集准确率分别为 95.81%和 91.56%；SVM+MSC 模型次之，建模集和预测集准确率分别为 94.38%和 89.11%；KNN 模型排最后，MSC 优于 SG。

总体来说，基于全谱段的 ELM 模型优于 SVM 和 KNN 模型，但是基于 MSC 处理的 SVM 模型优于 ELM 模型。

MSC+SVM 法识别的玉米种子预测集准确率为 98.33%，大豆种子识别测试集准确率为 89.11%。考虑算法的通用性，为提高大豆种子识别准确率，引入决策树法对大豆种子识别进行研究。

2. 基于决策树模型的大豆种子识别

决策树(decision tree，DT)是一种常见的机器学习分类的算法，即属于监管学习。针对某个数据集，其中的每个样本都有其相应属性值及其对应的已标签的分类结果。通过学习这些数据集构成一个决策树。再用这个决策树对新的未知样本进行识别分类。决策树为树状模型。只有 1 个根结点，若干内部结点和叶子结点。每个内部结点都属于一个分裂。同时叶子结点用来预测带标签的样本，以完成分类。

决策树根据特征选择方法分类，可以分为ID3、C4.5和CART等方法。CART全称为分类回归树。采用CART算法，具体利用基于PYTHON的decision tree classifier决策树方法，特征选择标准为(CART,GINI)。

将决策树法与表4-5的基于预处理后的平均准确率最优的模型进行对比，见表4-6。根据前期基于ELM、SVM、KNN方法的大豆和玉米种子判别模型得出的结论，MSC法优于其他预处理方法。决策树法默认选择了MSC预处理。

表4-6　基于全谱段的SVM方法和DT方法的大豆种子识别结果对比

分类模型	预处理	建模集(1 050粒)识别数/个	建模集准确率/%	预测集(450粒)识别数/个	预测集准确率/%
SVM	MSC	1 006	94.38	412	89.11
DT	MSC	1 049	99.90	448	99.56

由表4-6可知，DT法明显优于SVM法，获得了满意的建模集和预测集准确率，均为99.50%以上。为了测试DT法对于玉米种子识别方法的优劣，对玉米种子的品种分类也进行了基于全谱段的决策树建模识别研究，同样获得了满意的效果如表4-7。

表4-7　基于全谱段的SVM方法和DT方法的玉米种子识别结果对比

分类模型	预处理	建模集(720粒)识别数/个	建模集准确率/%	预测集(240粒)识别数/个	预测集准确率/%
SVM	MSC	716	99.44	236	98.33
DT	MSC	717	99.58	237	98.75

从表4-6和表4-7可知：对于大豆种子来说，DT法明显优于ELM方法，而对于玉米种子，DT法与SVM法接近。可以认为DT在玉米种子品种识别和大豆种子品种识别中，均获得了较好的效果。

3. 基于Bagging集成学习方法的大豆种子识别

周子程指出集成学习的主要思路是将多个基学习器(个体学习器)作为基分类，将其通过某种策略进行组合形成强分类模型。基学习器一般是分类识别算法，例如：神经网络、决策树、支持向量机、KNN等。通过结合多个基学习器，从而获得更高的分类成功率和更强泛化性能的模型。

集成学习方法一般分为两类：第一类为Boosting，个体学习器之间存在强依赖关系。第二类以Bagging为代表，个体学习器之间相互独立，基本不相互依赖。Bagging集成学习框架下基于多基学习器训练流程如图4-12所示。

(1)将原始样本划分成若干子训练集,每个子训练集被输入第1层各个基学习器(个体学习器)中进行训练,获得基分类器。

(2)对每个基分类器输出结果进行组合做出预测。Bagging在做预测时,对于分类任务,使用投票法。

Bagging算法的训练集获得是通过随机产生的。系统随机产生 T 个训练子集,然后基于每个训练子集训练出1个基学习器。接下来用某种策略将这 T 个基学习器进行结合,以获得模型的输出结果。训练集数据来源于有放回的采样或者称为自助采样法。那么在数据集进行训练时,某类样本可能多次用于训练,而有些样本不被取出,没有进入训练集。

Bagging集成学习的基分类器要有一定性能,准确率应高于50%,且基学习器要具有多样性。通过泛化多种(个)学习器,可获得整体检测精度的提升。

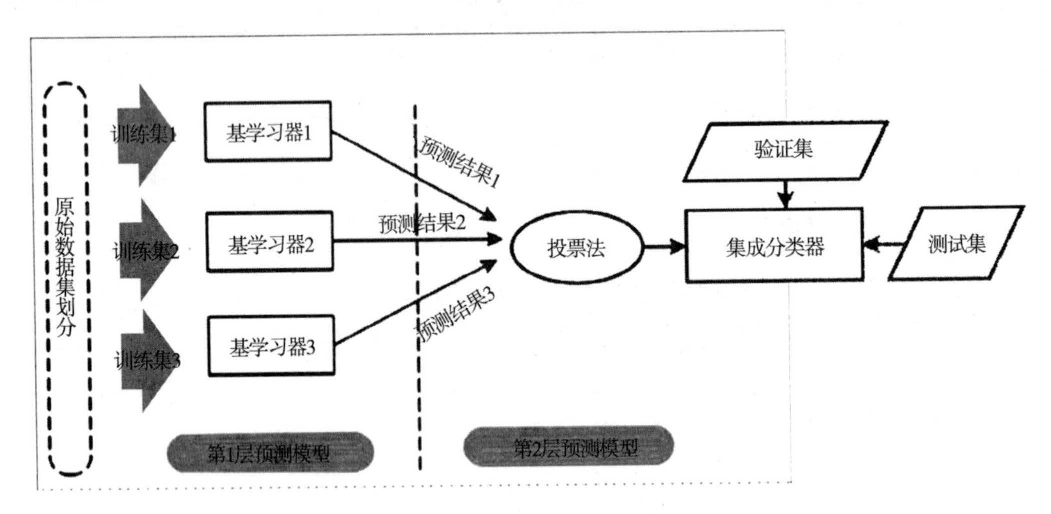

图4-12 Bagging集成学习框架

学习能力较强的基学习器有助于提高整体模型的检测精度或识别效果。如果基学习器为同类型的分类器称为同质,例如:Random Forest(随机森林)和Ada Boost(自适应增强)。若基学习器为不同类型的分类器则称为异质。

本书立足于基学习器的预测能力,在Bagging模型第1层中根据前期研究的模型(ELM、SVM、KNN、DT)识别研究结果,选择了SVM、ELM和DT模型即采用异质的Bagging方法。同时,Bagging的第2层预测模型使用综合策略中的投票法。投票法的流程是寻找几个基分类器,再基于分类器的超过半数的结果作为最终的预测分类。基于全谱段的经过MSC预处理的异质Bagging、DT和SVM法的识别结果见表4-8。

由表4-8可知,DT法最优,建模集和预测集的准确率分别为99.90%和99.56%。Bagging模型次之,建模集和预测集的准确率分别为100%和95.11%。

同时,将Bagging集成学习方法应用于玉米种子识别中,基于全谱段的经过MSC预处理的 Bagging、DT 和 SVM 法的玉米种子识别结果比较见表 4-9。

表 4-8　基于全谱段的 Bagging、ELM、SVM 和 DT 方法的大豆种子识别结果

分类模型	预处理	建模集(1 050 粒)识别数/个	建模集准确率/%	预测集(450 粒)识别数/个	预测集准确率/%
ELM	MSC	953	90.76	394	87.56
SVM	MSC	991	94.38	401	89.11
DT	MSC	1 049	99.90	448	99.56
Bagging	MSC	1 050	100	428	95.11

表 4-9　基于全谱段的 Bagging、ELM、SVM 和 DT 的玉米种子识别结果

分类模型	预处理	建模集(1 050 粒)识别数/个	建模集准确率/%	预测集(450 粒)识别数/个	预测集准确率/%
ELM	MSC	670	93.83	190	84.58
SVM	MSC	716	99.44	236	98.33
DT	MSC	717	99.58	237	98.75
Bagging	MSC	720	100	240	100

由表 4-9 可知，Bagging 略微提升了模型的预测效果，建模集和预测集的准确率均为 100%。DT 和 SVM 方法结果非常相近，识别效果也都在 98.33%以上。

综上所述，DT 法容易引起过拟合，再者自然界种子种类和品种繁多，考虑到方法的适用性和泛化能力，本书提出基于 Bagging 集成学习方法，用于种子品种识别。

三、小结

本节主要介绍了基于高光谱技术的玉米和大豆种子的品种识别研究方法。

首先对玉米和大豆的不同品种种子的光谱数据(370～1042 nm)进行研究。对比分析了不同品种的种子的光谱响应，分析影响光谱反射率曲线出现差异的原因。不同品种种子的平均光谱虽然走势基本一致，但反射率值有一定差别。从外品质来看，根本原因可能是颜色、大小、纹理、千粒重等的差异；内部成分来看很可能是类胡萝卜素和内部成分(水分、糖类、淀粉、脂肪和蛋白质等)的微小差异，本质分析可能与基因片段或关键的含氢基团有关。这有利于高光谱成像技术初步实现种子的品种识别。

获得样本光谱数据后，需要进行数据校正，再分别进行 MSC、SG 和 SNV 预处理，达到光谱去噪的效果。针对光谱信息中包含冗余信息问题，分别对原始光谱和预处理后的光谱采用 PCA、SPA 等方式提取特征波段。最后基于 ELM、KNN、SVM、DT，以及 Bagging 分别建立玉米种子、大豆种子的

品种识别模型,对比不同预处理及降维方法下模型的识别结果。研究表明:

(1)SVM、ELM、KNN模型中,对于不同品种玉米种子,SVM模型的全谱段+MSC预处理方式下建模集和预测集精度都达到最高,分别为99.44%和98.33%,为最优结果。ELM模型次之,SNV预处理的建模集和预测集精度分别为95.83%和84.58%。而基于特征波长的,经过PCA处理的SVM模型的建模集和预测集准确率也均在98.33%以上;对于不同品种大豆种子,基于ELM+SG获得了最优结果,建模集和预测集准确率分别为95.81%和91.56%,SVM+MSC模型结果与之接近,分别为94.38%和89.81%。但基于特征波长的模型识别率明显低于基于全谱段数据的模型。因此,基于全谱段的MSC预处理的SVM模型均能有效识别不同品种玉米种子和不同品种大豆种子。

(2)DT和Bagging模型品种识别效果满意。为了提高大豆种子预测集准确率,引入DT和Bagging模型,研究表明对于两种种子,这两个模型均优于(1)中的最优模型,二者都能获得满意的建模集和预测集准确率,均在98.75%以上。DT法容易引起过拟合,再者自然界种子品种繁多,考虑到方法的适用性和泛化能力,本书提出基于Bagging集成学习方法,用于种子品种识别。

综上所述,预处理方法可以有效提高模型的识别效果,且基于全谱段+MSC+Bagging集成学习方法,可以有效用于种子品种识别中。

第二节　基于高光谱技术的种子活力检测

在建立不同活力等级的玉米种子和大豆种子高光谱数据库后,为实现种子活力检测,主要结合数据分析方法,应用提取的光谱信息,通过预处理、特征选择及分类识别算法建立种子活力检测模型,并比较不同模型的检测效果。

一、基于高光谱技术的玉米种子活力检测

(一)不同活力等级玉米种子光谱分析

对玉米种子进行0 d、3 d、6 d、9 d不同时间老化后处理后,在370～1 042 nm光谱范围内的原始光谱反射率曲线和平均光谱如图4-13所示。图4-13(a)为所有种子(240粒)原始光谱反射率曲线,图4-13(b)为所有种子的平均光谱反射率曲线。

从光谱曲线看出种子的光谱反射率曲线变化趋势相似。但是反射率随着活力下降也呈现下降趋势。4种活力等级玉米种子的反射率有一定差异,能够进行区分。不同活力种子光谱差异的出现取决于样品微观结构和化学成分的光散射特性,其根本原因是人工老化引起了种子复杂的物理化学变化,如颜色、水分、蛋白质、淀粉、油脂等成分的变化。

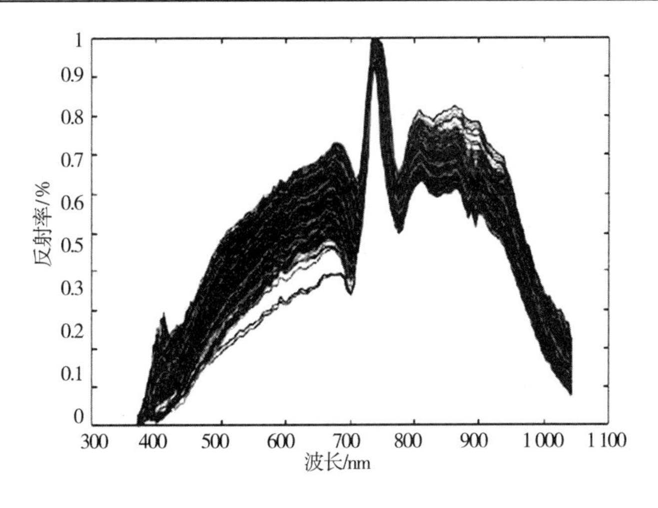

(a)原始光谱反射率

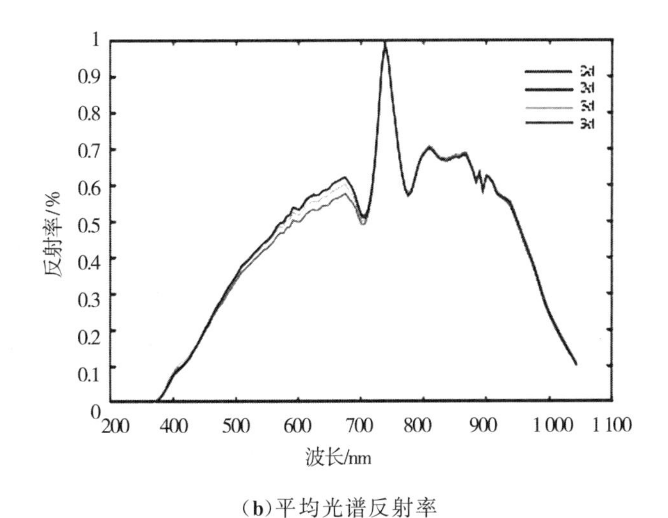

(b)平均光谱反射率

图 4-13　不同老化时间玉米种子的光谱

由图 4-13 可知，4 类样本的光谱在 500～700 nm 和 800～900 nm 范围内具有较明显的差异，根据表 4-1 可知，这很可能是类胡萝卜素和内部成分(水分、糖类、淀粉、脂肪和蛋白质等)的差异，具体的各成分吸收信息可参考表 4-1。

虽然经历了人工老化，但种子的内部组成是一致的，N-H、C-H 和 O-H 健的拉伸和弯曲振动的双频吸收揭示了有关主要成分的化学信息，因此它们在近红外区有相同的吸收峰。老化的玉米种子的平均光谱可以反映一定的规律，但由于生物样品的个体差异大，它并不能代表所有样本的信息。需要对所有光谱进行进一步分析并开发更有效的种子活力检测模型。

基于 S-G 平滑和二阶导数预处理的玉米种子的平均光谱如图 4-14 所示。与未预处理的光谱相比，该光谱使不同老化时间下玉米种子的差异更加明显，并且大大抑制了不重要的波长的干扰。

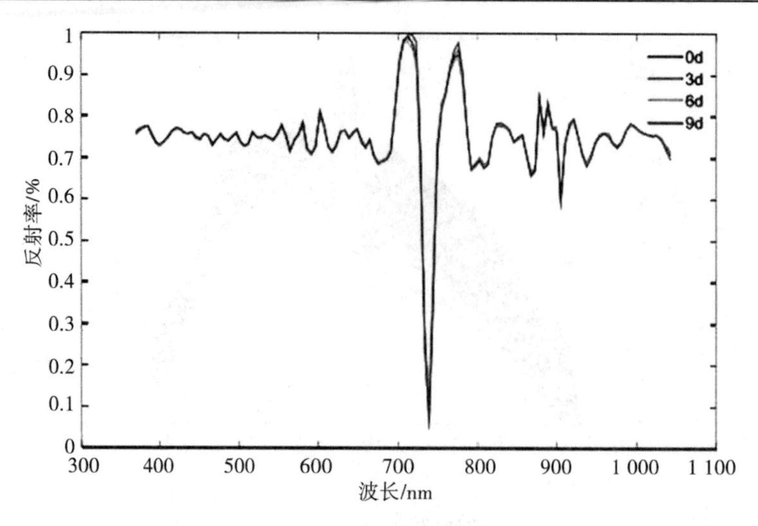

图 4-14 S-G+二阶导数预处理后的平均光谱

（二）特征选择与降维

1. 基于 SPA 的特征选择与降维

采用二阶导数预处理+连续投影算法 SPA 来选择最优波长。根据图 4-15 所示权重系数图，获得了 8 个特征波长，如表 4-10 所示。

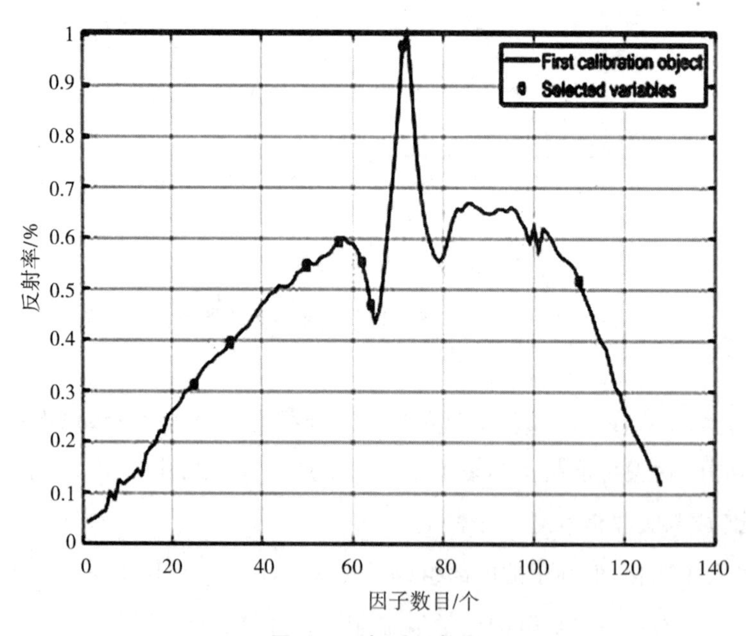

图 4-15 权重系数图

表 4-10 最优波长的选择

预处理	最优波长/nm
SPA	502.9、544.2、622.3、674.9、685.5、696.0、738.5、943.3

2. 基于 PCA 的特征选择与降维

利用主成分分析法对玉米种子在 370～1 042 nm 波长范围内各波长平均光谱反射率进行分析，根据贡献率大小得到前 3 个主成分。从图 4-16 中可得前三个主成分已经包含了玉米种子的大部分信息。贡献率为 98.83%(PC_1 为 95.06%，PC_2 为 2.83%，PC_3 为 0.94%)。PC_1，PC_2 和 PC_3 的贡献率[图 4-16(a)]和 PC_1 的权重系数[图 4-16(b)]如下所示。同样的方法，可以得到 PC_2 和 PC_3 的权重系数。因此，选取前 3 个主成分。

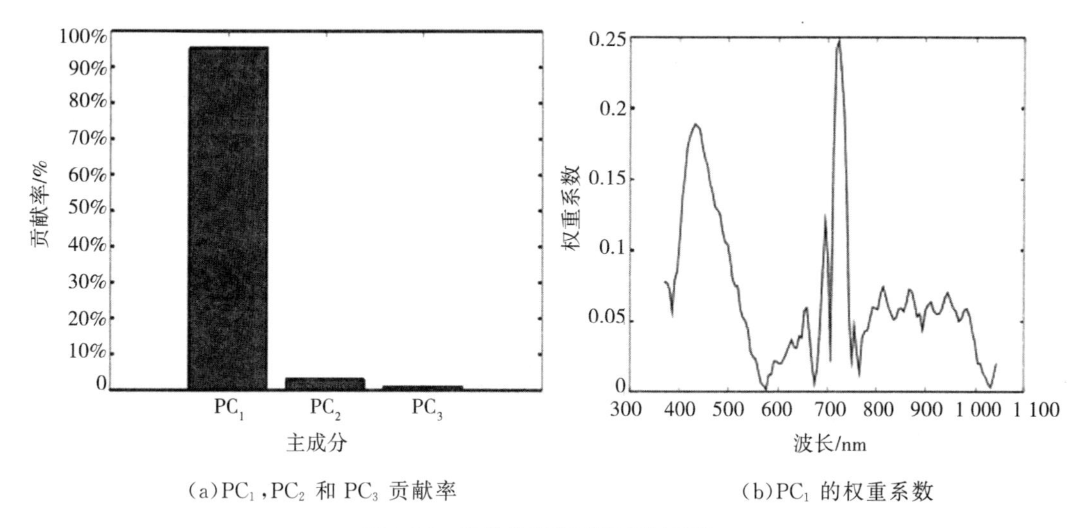

(a)PC_1，PC_2 和 PC_3 贡献率　　(b)PC_1 的权重系数

图 4-16　主成分贡献率和权重系数

(三) 玉米种子活力检测方法研究

基于全谱段和特征波段，建立 ELM、KNN 和 SVM 等 5 种玉米种子活力检测模型。所有样本在建模集与预测集的分配中按 3:1 的比例随机分配(建模集为 168 粒种子，预测集为 72 粒)。并对结果进行比较和分析。

1. 基于全谱段的玉米种子活力检测

基于玉米种子全谱段光谱数据，经过 MSC 去噪并进行 ELM、KNN 和 SVM 判别方法的比较分析如表 4-11 所示。

表 4-11　基于全谱段的 ELM、KNN 和 SVM 的玉米种子活力检测结果

分类模型	预处理	建模集识别率/%	预测集识别率/%
ELM	未处理	45.24	44.44
ELM	MSC	88.1	88.89
KNN	未处理	39.88	30.56
KNN	MSC	85.12	86.11
SVM	未处理	99.4	62.5
SVM	MSC	100	98.61

由表 4-11 可知，MSC 预处理方法有效提高了模型的建模集和预测集的准确率。SVM 模型建模集和预测集准确率分别为 100%和 98.61%，为最优；ELM 模型次之，建模集和预测集准确率分别为 88.1%和 88.89%；KNN 排最后。因此，基于全谱段，经 MSC 预处理后的 SVM 模型可以有效识别玉米种子活力。

2. 基于特征波段的玉米种子活力检测

基于以上研究，经过 MSC 预处理，建立基于 SPA 和 PCA 的 SVM 和 ELM 判别的活力检测模型，检测结果如表 4-12 所示。

表 4-12　基于特征波段的 SVM 和 ELM 种子活力判别模型对比

实验对象	模型	光谱数据集	波段数/个	建模集准确率/%	预测集准确率/%
玉米种子	SVM	原始光谱+MSC+SPA	8	91.75	90.58
	SVM	原始光谱+MSC+PCA	15	98.75	97.11
	ELM	原始光谱+MSC+SPA	8	82.13	72.34
	ELM	原始光谱+MSC+PCA	15	90.19	89.97

由表 4-12 可知，基于特征波段，SVM 模型明显优于 ELM 模型。同时 PCA 方法均略优于 SPA 方法。最优模型为基于原始光谱+MSC+PCA 的 SVM 模型，建模集和预测集准确率分别为 98.75%和 97.11%，而原始光谱+MSC+PCA 的 ELM 模型结果次之，建模集和预测集的分类准确率分别为 90.19%和 89.97%。

比较基于全光谱和特征波长的 SVM 模型的建模集和预测集的总体结果，基于全谱段的 SVM 模型略优于基于 PCA 模型，而与全谱段数 128 相比，PCA 模型的波段数为 15，可以显著减少运算量。

3. 基于 DT 和 Bagging 的玉米种子活力检测

在种子识别研究中，DT 和 Bagging 算法获得了较满意的识别效果，虽然本节以上方法已经能获得较好的建模集和预测集准确率，为研究 DT 以及 Bagging 法对于玉米种子活力检测方法的适用性，本研究也进行了基于全谱段+MSC 预处理的 DT 以及 Bagging 法建模的种子活力检测研究。Bagging 法建模仍以 ELM、SVM 和 DT 为基学习器，研究结果如表 4-13。

表 4-13　基于全谱段的 Bagging、ELM、SVM、DT 方法的玉米种子活力检测结果对比

分类模型	预处理	建模集识别率/%	预测集识别率/%
ELM	MSC	88.1	88.49
SVM	MSC	100	98.61
DT	MSC	100	100
Bagging	MSC	100	100

由此可见，DT 以及 Bagging 法在玉米种子活力检测中均获得了满意的效果。建模集和预测集的准确率均为 100%。SVM 结果次之。综上所述。Bagging、DT 和 SVM 法均可以应用于玉米种子活力检测。

二、基于高光谱技术的大豆种子活力检测

（一）不同活力等级大豆种子光谱分析

图 4-17 是经过 2 种方法处理(未处理和 100 ℃，3 h 各 208 粒)的大豆种子的原始光谱和平均光谱反射率。黑色为正常发芽种子光谱，灰色为老化不发芽种子光谱。

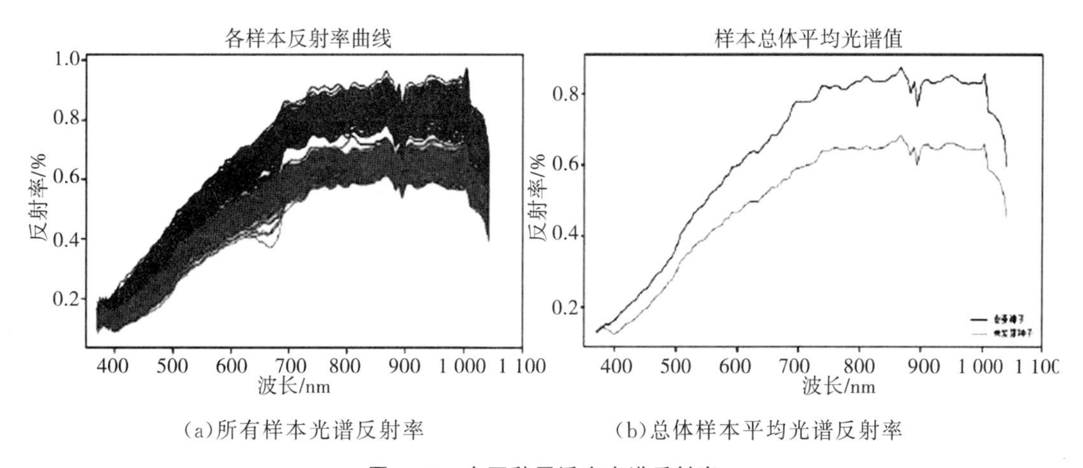

(a)所有样本光谱反射率　　(b)总体样本平均光谱反射率

图 4-17　大豆种子活力光谱反射率

图中可知，2 种老化等级种子的光谱反射率曲线密集，且趋势基本一致，但是有活力和无活力种子的反射率值存在明显差异，肉眼基本能够进行区分。不同活力种子光谱差异的出现取决于样品微观结构和化学成分的光散射特性，其根本原因是人工老化引起了种子复杂的物理化学变化，如颜色、水分、蛋白质、淀粉、油脂等成分的变化。反射率随着活力下降总体也呈现下降趋势，未发芽种子的光谱反射率明显低于发芽的种子的反射率，尤其在 600～900 nm 附近。这仍是类胡萝卜素(可见光黄色一红色 565～740 nm 吸收)的差异和种子内部成分(水分、糖类、淀粉、脂肪和蛋白质等)的差异，具体的各成分吸收信息可参考表 4-1。

图 4-17(b)中发芽大豆种子和未发芽大豆种子的原始光谱与平均光谱在 500～1 000 nm

区域波长反射率区别都很明显，因此可以利用高光谱信息对大豆种子进行活力检测。

对原始光谱进行 MSC 平滑滤波，结果如图 4-18 所示。平滑滤波前后有明显的变化，有效消除了信号的噪音，尤其是 370～440 nm 的信号初级阶段得到了很大改善，有利于下一步建模。

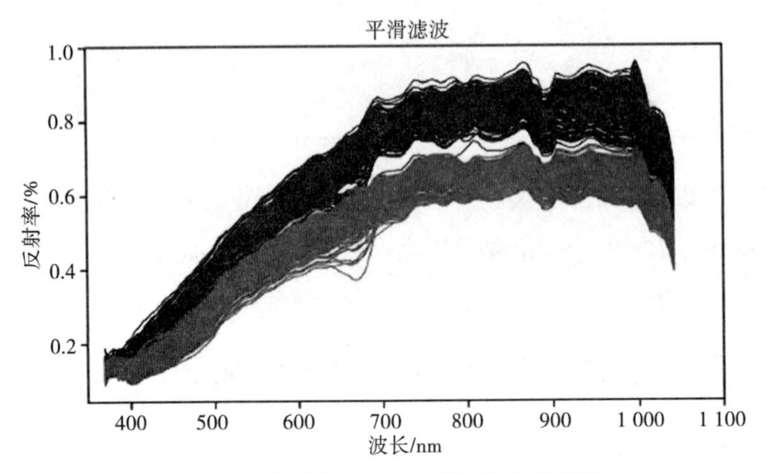

图 4-18　大豆种子 MSC 平滑滤波后的光谱

（二）基于 PCA 的特征选择与降维

利用主成分分析法对大豆种子在 370～1 042 nm 波长范围内平均光谱反射率进行分析，图 4-19 为全谱段主成分贡献图，图中给出了前 3 个主成分中各主成分的贡献率。图中可见第一个主成分累计贡献率达到 95.5%以上，表明前一个主成分可以代表种子的绝大部分光谱特征。

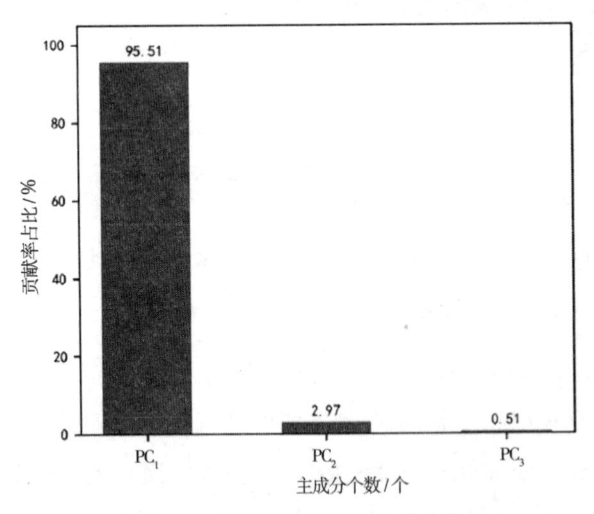

图 4-19　大豆种子光谱的主成分分析

PC_1 是通过 128 个波长的光谱线性组合而成。对各个波长的相关权重系数进行比较，可确定影响 PC_1 中信息表达的主要波长。第一主成分中各波长的权重系数分布如图 4-20 所示。

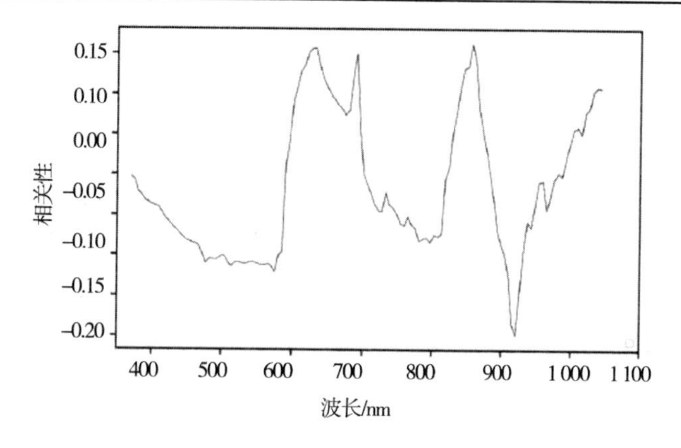

图 4-20 PC_1 的权重系数

取图 4-20PC_1 权重系数分布图中的波峰作为特征波长。分析可知，3 个波峰对应的波长分别为 632.8 nm、690.7 nm、861.8 nm。

（三）大豆种子活力检测方法

基于全谱段和特征波段建立 ELM、KNN、SVM 等 5 种大豆种子活力检测模型。所有样本在建模集与预测集的分配中满足 3∶1 的比例。并对结果进行比较和分析。

1. 基于 ELM、KNN、SVM 的大豆种子活力检测方法

基于全谱段和根据上文获得的 3 个特征波长，经 MSC 处理后，建立的 ELM 和 SVM 活力检测模型结果对比见表 4-14。

表 4-14 基于 ELM、KNN 和 SVM 的大豆种子活力判别模型比较

分类模型	光谱数据集	波段数	建模集准确率/%	预测集准确率/%
ELM	原始光谱	128	97.62	94.44
ELM	原始光谱＋MSC	128	100	100
ELM	原始光谱＋PCA	3	85.71	66.67
ELM	原始光谱＋MSC＋PCA	3	92.86	88.89
KNN	原始光谱	128	95.24	97.22
KNN	原始光谱＋MSC	128	98.81	100
KNN	原始光谱＋PCA	3	83.33	55.56
KNN	原始光谱＋MSC＋PCA	3	88.1	80.56
SVM	原始光谱	128	100	100
SVM	原始光谱＋MSC	128	100	100
SVM	原始光谱＋PCA	3	78.57	63.89
SVM	原始光谱＋MSC＋PCA	3	85.71	66.67

表4-14中,可以看出基于全谱段的检测结果明显优于基于特征波段的结果。还可以得出,无论基于全谱段还是特征波段,MSC均有效提升了检测效果。特别是基于特征波段的活力检测,建模集和预测集的准确率都得到了明显提升。

总的来说,SVM和ELM均获得了满意的检测效果,建模集和预测集的准确率均为100%。这可能是由于仅将大豆活力分成两级(未处理的正常大豆种子和高温失活的大豆种子),且从这两种不同活力种子的光谱反射率曲线图上可以直观分辨出二者的差异性,因此检测效果均满意。

2. 基于DT和Bagging的大豆种子活力检测

为研究DT以及Bagging法对于大豆种子活力检测方法的适用性,进行了基于全谱段+MSC预处理的DT以及Bagging法建模的种子活力检测研究。Bagging法建模仍以ELM、SVM和DT为基学习器,研究结果见表4-15。

表4-15　基于全谱段的Bagging、ELM、SVM、DT方法的大豆种子活力检测结果

分类模型	预处理	建模集识别率/%	预测集识别率/%
ELM	MSC	100	100
SVM	MSC	100	100
DT	MSC	100	100
Bagging	MSC	100	100

表中4种方法准确率均为100%。根据集成学习的原理,也可以推断出Bagging法可以获得满意的检测效果。因此表4-15中的4种方法,均适用于大豆活力检测。

第三节　基于高光谱技术的种子含水率检测

一、基于高光谱技术的玉米种子含水率检测

(一)材料与方法

所用样品为白糯9号,共收集大小相当、籽粒饱满的玉米种子8盘,每盘29粒,共232粒。为了建立更宽范围的含水率检测模型,对玉米种子进行水分梯度样品的制备。

将玉米种子放置在培养皿中,用纯净水淹没过种子。每隔10 min将水倒出,用滤纸吸干种子表面多余水分,并将吸水后的种子放在样本托盘中,记录总重量,并采集种子高光谱图像。采用第2章介绍的高光谱图像采集系统采集玉米的高光谱信息。将放置有玉米种子的托盘摆

放至高光谱图像采集系统的样品台上，采集玉米样本的高光谱图像数据。完成高光谱图像数据的采集后，再次将玉米浸泡至水中，进行 10 min 吸水后重复以上步骤，每盘样品均制备 10 个梯度的吸水试验，最终获得 8×10，共 80 组一一对应的高光谱数据和玉米种子含水率值。最后将玉米种子彻底烘干，记录种子干重。

（二）玉米种子含水率计算

样本托盘重量为 W_1，第 i 个样本吸水后的玉米种子重量为 W_i，玉米彻底烘干后重量为 W_0，则第 i 个玉米样品含水率为

$$WC=\frac{W_i-W_0}{W_i-W_1} \tag{4-3}$$

（三）光谱与光谱预处理

提取每盘玉米种子高光谱图像的感兴趣区域。图 4-21 为一盘样本中 26 个玉米种子感兴趣区域的平均光谱。26 粒种子的平均光谱被再一次求平均，该平均光谱作为本盘样品的光谱反射率，进行进一步的光谱处理和建模。

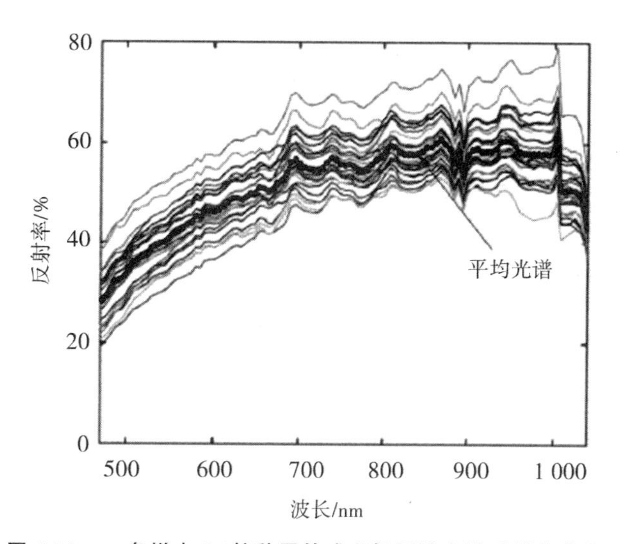

图 4-21　一盘样本 26 粒种子的感兴趣区域光谱反射率曲线

图 4-22 为 80 份玉米种子样品的光谱反射率曲线图。总的来说，玉米种子的光谱具有较好的一致性，在 470～700 nm 区域，光谱整体呈现攀升的趋势；在 700～1 000 nm 范围光谱整体呈现平坦趋势，900 nm 处表现偏低的反射率，这可能是受到 C-H_3、C-H_2、C-H 和水在700～900 nm 的组合吸收带的影响。

由图 4-22 可知，光谱中存在一定噪声，同时伴随着光谱的基线漂移和光谱的不重复性。为了提高光谱与待测组分的相关性，采用 NOR、SNV、MSC 和 FD 预处理对光谱进行了处理，如图 4-23 所示。

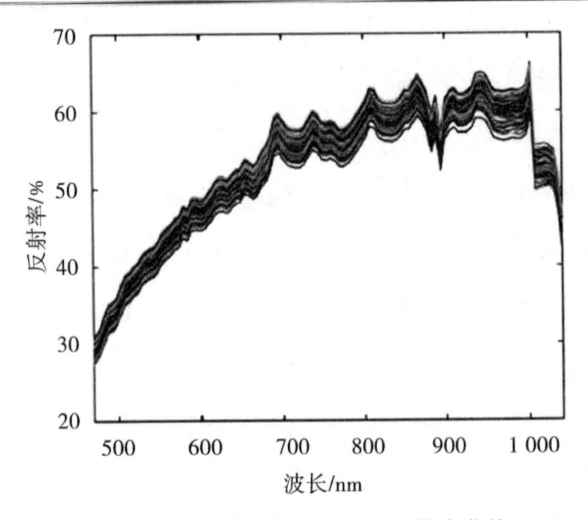

图 4-22　所有玉米种子光谱反射率曲线

经过 S-G 平滑后的光谱，噪声有明显的降低，信号质量明显提高。一阶微分和二阶微分预处理后的光谱反射率曲线在光谱变化趋势方面提供了更多的信息。不难看出，微分处理降低了光谱的信噪比，对原始信号的要求更高。SNV 预处理后，光谱的一致性有明显提高，基线漂移的现象得到了很大抑制。

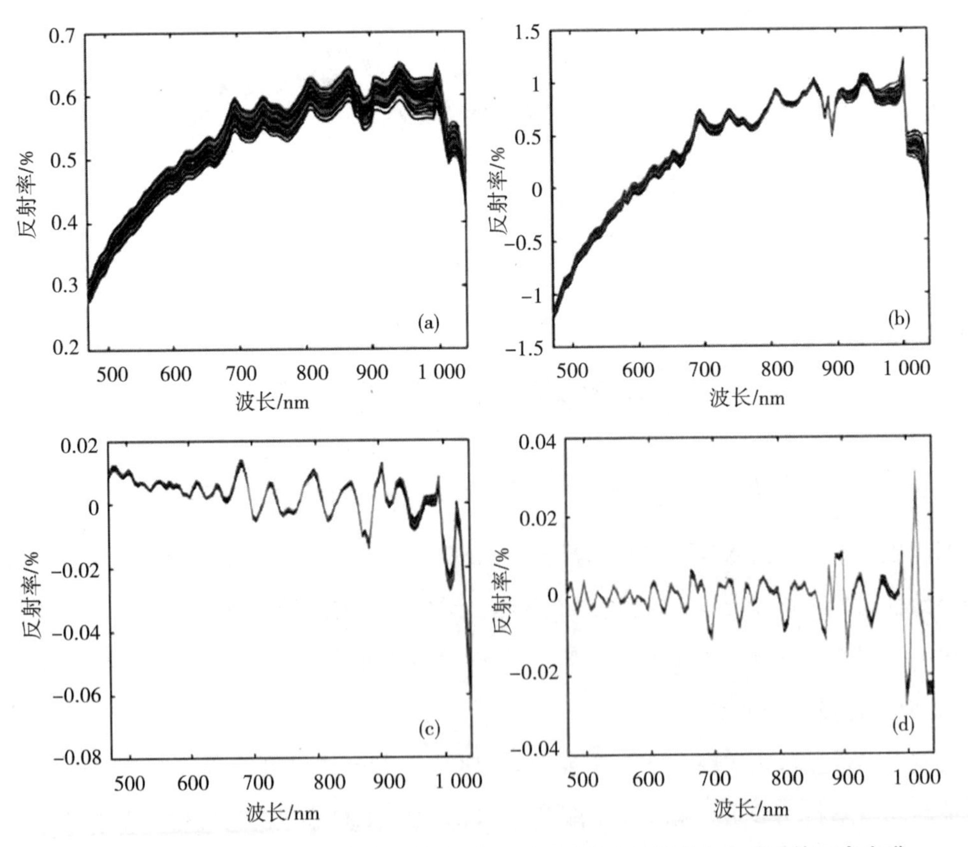

图 4-23　(a)SG 平滑(b)SNV 预处理(c)一阶微分处理(d)二阶微分处理后的玉米光谱

（四）基于PLS的玉米种子含水率检测

对预处理后的玉米种子光谱建立偏最小二乘判别模型(PLS)，玉米种子不同预处理的含水率的模型校正结果如表4-16所示。由表可知，基于SG平滑后的玉米种子含水率检测模型校正集相关系数为0.815，均方根误差为2.35；验证集相关系数为0.813，均方根误差为2.95。经微分处理后的光谱主因子数有明显降低，但模型精度无明显提高。基于SNV预处理后建立的偏最小二乘模型精度和误差最理想，校正集和验证集相关系数分别为0.880和0.855，校正集均方根误差为2.18和验证集均方根误差为2.44。

表4-16 不同预处理的玉米种子含水率检测模型校正结果

预处理方法	主因子数	R_c^2	*RMSEC*	R_p^2	*RMSEV*
SG平滑	7	0.815	2.35	0.813	2.95
归一化	5	0.788	2.82	0.744	3.12
一阶微分	6	0.817	2.53	0.801	3.08
二阶微分	6	0.831	2.55	0.761	3.06
SNV	8	0.880	2.18	0.855	2.44

综上所述，在玉米种子含水率的检测模型建立中，SNV的处理结果优于其他预处理方法。

（五）基于特征波长的玉米种子含水率检测

虽然玉米种子的光谱与玉米种子含水率之间相关性较强，但是以上偏最小二乘模型的参与变量共有128个之多，其中包含了大量与水分信息无关的变量，此外相邻波长之间存在大量的共线性数据，以上都会对玉米种子的含水率检测模型造成一定干扰，因此需要精准筛选与玉米种子含水率相关的信息。特征波长筛选是提高近红外模型精度、简化模型的重要方法。

表4-17 基于特征波长的玉米种子含水率检测模型校正结果对比

特征波长筛选方法	保留变量数	R_c^2	*RMSEC*	R_p^2	*RMSEV*
相关系数法	39	0.824	2.49	0.843	2.72
UVE	70	0.898	2.14	0.877	2.33
CARS	25	0.918	1.74	0.915	2.29

基于相关系数法、UVE和CARS筛选波长建立的含水率检测模型结果如表4-17所示，其中相关系数法保留了与水分相关系数大于0.4的39个波长。建立的偏最小二乘检测模型验证集相关系数为0.843，均方根误差为2.72。相比于基于全谱段建立的检测模型，该模型的精

度有了明显下降，这说明相关系数低的波长也携带对建立模型至关重要的信息。UVE筛选特征波长的过程是，首先添加一组随机噪声，然后分别计算光谱数据、随机噪声与样品含水率的相关性，低于噪声相关性的波长会被判别为“无信息”波长，并进行剔除。UVE为含水率检测模型保留了70个波长，基于70个波长建立的含水率检测模型验证集相关系数为0.877，均方根误差为2.33。由该结果可知，UVE可以起到降低数据维度、简化模型的效果，但是该方法仅能作为初筛选，保留的波长数量较多。CARS模仿了达尔文提出的“适者生存”法则，在多次随机轮盘的过程中，以相关系数和均方根误差为关键因素，保留对模型有贡献的波长。图4-24为CARS筛选与水分相关变量过程。从图中可知，CARS的筛选过程分为粗筛选和精筛选两个过程。粗筛选快速地删除与建模相关性较弱的样品。精筛基于建模误差，缓慢去除相应波长。与之对应的，交叉验证均方根误差随着无关变量的删除而迅速下降。随着波长的进一步减少，剔除了与含水率相关的重要波长，均方根误差呈现上升趋势。CARS为水分检测模型保留了25个波长。基于25个波长建立的水分检测模型验证集相关系数为0.915，验证集均方根误差为2.29。

CARS保留的波长包括410.75 nm、436.25 nm、606.6 nm、754.45 nm、829.45 nm、894 nm、948 nm、954 nm、987 nm、1 042 nm等。根据常见农产品成分短波近红外区域吸收特征波长可知，CARS保留了大量与水分、糖类和淀粉吸收区域相近的波长，这也说明了所建立模型的有效性和合理性。

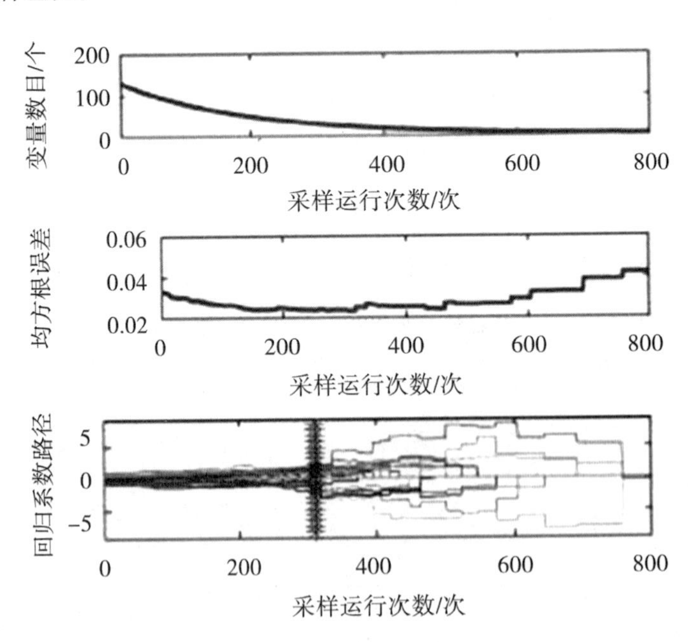

图4-24 CARS筛选与水分相关变量过程

二、基于高光谱技术的大豆种子含水率的检测

（一）材料与方法

所用样本为蒙豆39，共收集大小相当、籽粒饱满的大豆种子8盘，每盘26粒。为了建立更宽范围的含水率检测模型，对大豆种子进行水分梯度样品的制备。

与前面章节中玉米种子光谱图像采集方法一致。完成高光谱图像数据的采集后，再次将大豆浸泡至水中，进行10 min吸水后重复以上步骤，每盘样品均制备10个梯度的吸水试验，最终获得8×10，共80组一一对应的高光谱数据和大豆含水率值。最后将大豆种子彻底烘干，记录种子干重。

（二）大豆种子含水率计算

样品托盘重量为W_1，第i个样品吸水后的大豆种子重量为W_i，大豆彻底烘干后重量为W_0，则第i个大豆样品含水率为

$$WC=\frac{W_i-W_0}{W_i-W_1} \tag{4-3}$$

（三）光谱与光谱预处理

提取每粒大豆感兴趣区域，并计算所有大豆的平均光谱作为该样品的光谱。烘干大豆、10%含水率大豆和50%含水率大豆光谱如图4-25所示。由图可知，不同水分的大豆光谱趋势基本一致，但受含水率影响，在500～700 nm区域，含水率较低的大豆明显攀升速度更快，同时，含水率越高，对近红外区域光的吸收越强，在近红外(700～1 040 nm)范围内表现的反射率越低。

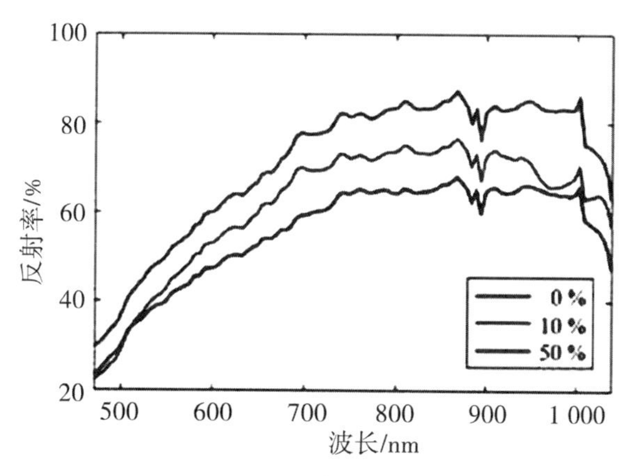

图4-25　不同含水率的大豆光谱

为了降低光谱反射率曲线中与待测组分无关的信息，提高光谱与含水率的相关性，先采用S-G平滑降低光谱反射率曲线的噪声，随后对S-G平滑后的光谱反射率曲线进行归一化、一阶微分、二阶微分和标准正态变量变换预处理。四种预处理后的光谱反射率曲线如图4-26所

示。由图可知，相比于玉米种子，大豆种子光谱的基线漂移现象更为明显，这可能是由于大豆种子的外形接近于球形，光谱会受到形状的影响。经过归一化预处理和SNV等预处理后，基线漂移现象得到了很好修正。

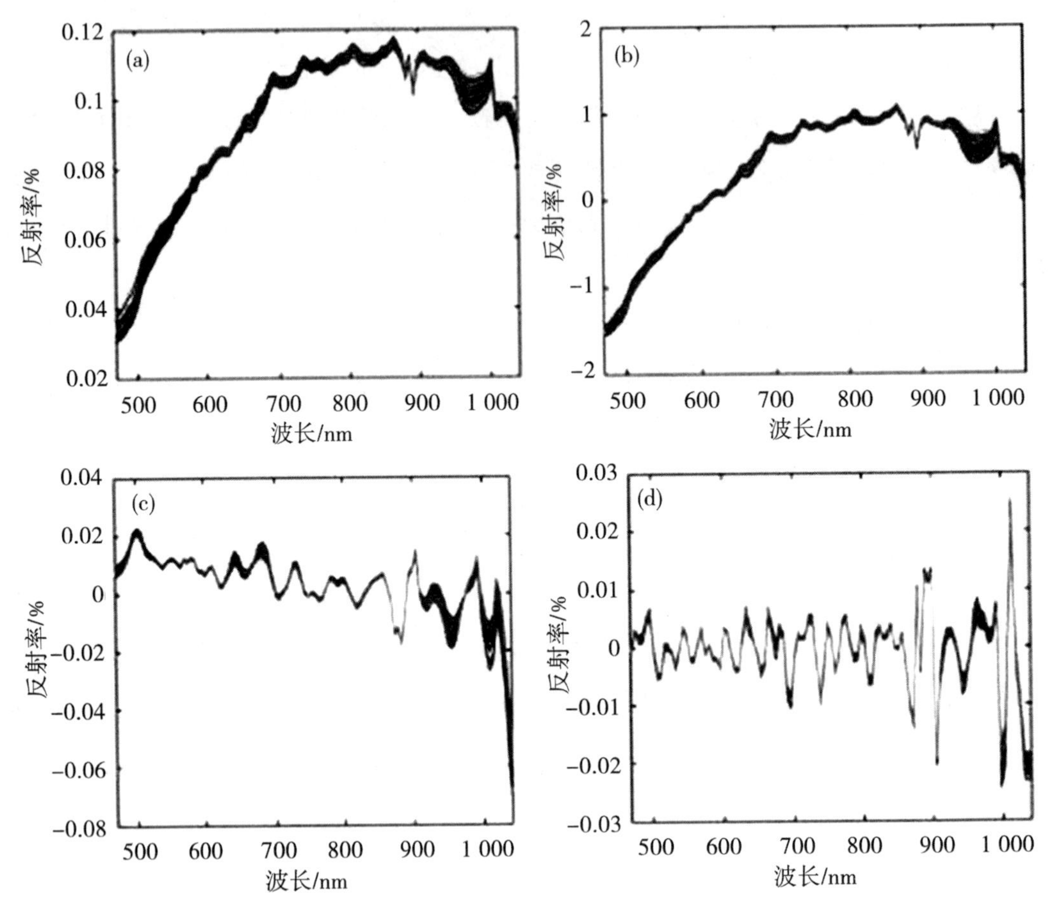

图 4-26 (a)归一化(b)SNV预处理(c)一阶微分处理(d)二阶微分处理后的大豆光谱反射率曲线

(四) 基于PLS的大豆种子含水率检测

基于S-G平滑，S-G平滑结合归一化、一阶微分、二阶微分和SNV预处理后的大豆光谱，建立含水率的偏最小二乘模型，大豆不同预处理的含水率的模型校正结果如表4-18所示。

表 4-18 不同预处理的大豆种子含水率检测模型校正结果

预处理方法	主因子数	R_c^2	*RMSEC*	R_p^2	*RMSEV*
SG平滑	6	0.938	1.532	0.920	1.836
归一化	5	0.919	1.754	0.904	1.809
一阶微分	6	0.946	1.435	0.941	1.473

续表

预处理方法	主因子数	R_c^2	*RMSEC*	R_p^2	*RMSEV*
二阶微分	4	0.895	1.972	0.877	2.097
SNV	6	0.943	1.480	0.928	1.578

相比于其他预处理方法，S-G 平滑结合一阶微分预处理后的光谱获得了最优结果，说明其鲁棒性最佳。校正集相关系数为 0.946 和验证集相关系数为 0.941。校正集均方根误差为 1.435和验证集均方根误差为 1.473。除了一阶微分之外，SNV 预处理也表现出较好的建模结果，但二阶导数和归一化处理的结果仍不理想。为了进一步分析预处理后的光谱与大豆水分之间的相关性，计算每个波长变量与含水率之间的相关性，如图 4-27 所示。

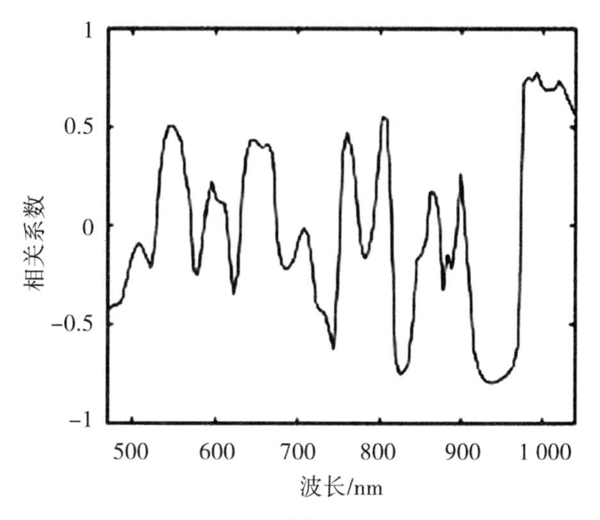

图 4-27　一阶导数光谱与大豆水分相关性分析

由图 4-28 可知，与大豆水分相关性较高的几个变量出现在 550 nm、650 nm、760 nm、802 nm、824 nm、927～960 nm、970～1 020 nm 处，其中，760 nm 为 $C\text{-}H_3$、$C\text{-}H_2$、C-H、R-OH 与 H_2O 的组合吸收带区，820 nm 附近为 $R\text{-}NH_2$ 的吸收带，915 nm 为 $C\text{-}H_3$、$C\text{-}H_2$ 和 C-H 的组合带吸收信息，945 nm 是 R-OH 与 H_2O 共同作用下的吸收峰。由相关系数分析结果可知，除了光谱中与水分相关的波长可以直接提供吸收信息，与碳水化合物相关的波长也可以为含水率检测模型提供间接信息。

(五) 基于特征波长的大豆种子含水率检测

前文中对三种特征波长筛选方法的比较得知，在农产品定量分析中，CARS 可以在保留少量波长的情况下，建立检测感兴趣成分的稳健模型，因此在大豆含水率检测模型的建立中，也将 CARS 作为特征波长的选择方法。一阶微分预处理后的光谱作为 $\boldsymbol{X}$ 值，大豆含水率作为 y 值，CARS 波长筛选的过程如图 4-28 所示。

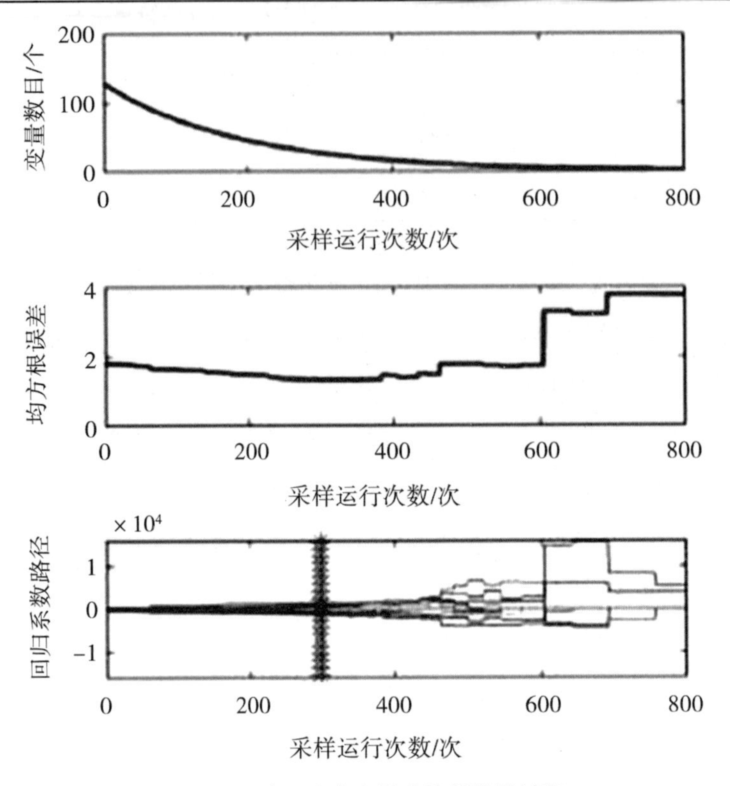

图 4-28 大豆含水率敏感波长提取过程

由图 4-28 可知，前 200 次筛选中，与大豆水分无关的波长被快速删除，与此对应的，由于干扰信息的减少，交叉验证均方根误差逐渐下降；200 次筛选后，开始了对波长的精筛选，直到第 297 次筛选，CARS 保留 27 个波长时模型获得了最优解。基于 27 个特征波长，建立了大豆含水率检测模型。基于特征波长建立的大豆含水率检测模型校正集相关误差为 0.971 9，校正集均方根误差为 1.045，验证集相关系数为 0.962 1，验证集均方根误差为 1.174。参与大豆水分检测模型的波长及权重如图 4-29 所示。

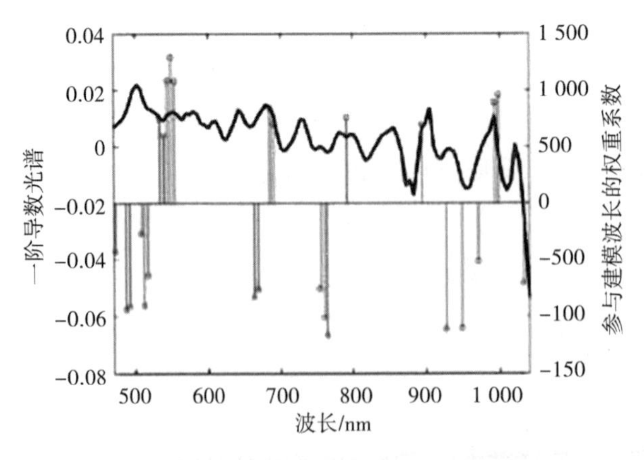

图 4-29 基于特征波长的大豆水分检测模型权重图

与图 4-27 相比不难看出，大部分与含水率相关系数较高的波长被保留，但仍有部分相关系数很高，被删除的波长。这些波长变量的删除并没有降低模型的精度，这可能是因为这些被剔除的波长与已保留波长间存在较高的共线性，无法为模型提供更多的信息。

三、小结

为了评估种子品质，同时为种子贮藏提供参考依据，本章分别对玉米和大豆的种子建立含水率的定量检测模型。对比了不同预处理对建模的效果，并针对样品特征选择了预处理方法。进一步基于预处理后的光谱进行了特征波长的提取。

基于所搭建的高光谱采集系统，采集了玉米 370～1 040 nm 的高光谱反射率数据。提取了高光谱图像中玉米种子的区域并提取平均光谱，对平均光谱进行了 SG 平滑，SG 平滑结合归一化、一阶微分、二阶微分和 SNV 预处理，通过对比五种处理方法，得到了在玉米含水率定量模型中，SNV 处理效果更好的结论。基于 SNV 预处理后建立的偏最小二乘模型精度和误差最理想，校正集和验证集相关系数分别为 0.880 和 0.855，校正集均方根误差为 2.18 和验证集均方根误差为 2.44。基于 SNV 处理后的光谱，利用了三种具有代表性的特征波长提取方法：相关系数法、无信息变量消除法和竞争性自适应重加权算法，通过对三种算法的比较发现，竞争性自适应重加权算法能够实现误差的最大程度收敛。CARS 为水分检测模型保留了 25 个波长，基于 25 个波长建立的水分检测模型验证集相关系数为 0.915，验证集均方根误差为 2.29。

以大豆为研究对象，采集了大豆种子 370～1 040 nm 的高光谱反射率数据。采用 SG 平滑，SG 平滑结合归一化、一阶微分、二阶微分和 SNV 预处理，对感兴趣区域的平均光谱进行了处理。相比于其他预处理方法，SG 平滑结合一阶微分预处理后的光谱最优模型，说明其鲁棒性最佳。模型的校正集相关系数为 0.946 和验证集相关系数为 0.941。校正集和验证集均方根误差分别为 1.435 和 1.473。为了进一步提高模型的精度，降低模型的复杂程度，采用竞争性自适应重加权算法筛选与大豆含水率检测模型相关的特征波长。最后基于 27 个特征波长，建立了大豆含水率定量检测模型，检测模型校正集相关误差为 0.971 9，校正集均方根误差为 1.045，验证集相关系数为 0.962 1，验证集均方根误差为 1.174。

第五章　基于光谱技术的水果品质检测

第一节　基于高光谱成像技术的脐橙可溶性固形物无损检测方法

采用主成分回归(PCR)和偏最小二乘法(PLS)两种不同的建模方法,构建了脐橙可溶性固形物的预测模型,并对预测模型进行了优化和误差分析,以期建立采用高光谱图像分析技术,无损检测脐橙可溶性固形物的最优预测模型。

一、材料与方法

(一) 实验材料

样本脐橙购自江西南昌市某大型批发市场,赣南脐橙早熟品种,买回放置室温环境 48 h,挑选出无损伤正常的 168 个脐橙样本用于建立可溶性固形物模型,其中 126 个脐橙样本用于建模集,其余 42 个用于预测集。

(二) 高光谱成像系统

图像数据利用如图 5-1 所示的基于光谱仪的高光谱成像系统所获取。整个系统主要由图像光谱仪,一套 150 W 的光纤卤素灯可以提供可见近红外波段光谱,一组带有 672 个有效像素的线阵 CCD 摄像机,一组输送装置和计算机等部件组成。高光谱仪光谱范围为 400～1 100 nm,共 512 个波段。将整套系统置于一个表面涂有黑漆的密闭柜中,以避免图像采集时环境光的干扰。

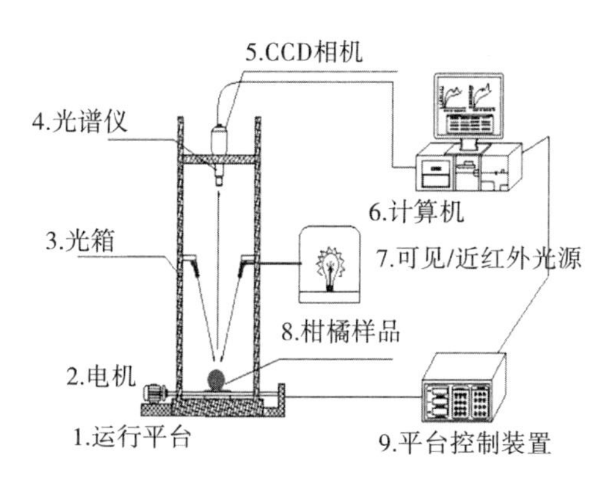

图 5-1　近红外光谱仪的检测原理

（三）高光谱数据采集和可溶性固形物测定

每次采集 12 个脐橙样本，样本放置于输送装置平台上，4 排，每排 3 个脐橙。在高光谱图像数据采集前，预先根据光源的照度设定好高光谱摄像头曝光时间以保证图像清晰，并调整好输送装置的速度以避免图像空间分辨率失真。经过多次调整及参数优化，最终确定曝光时间为 0.08 s，输送平台运行速度为 30 mm/s，物距 40.5 cm。数据采集时，线阵探测器在光学焦平面的垂直方向做横向扫面，从而获取所扫描空间中每个像素在整个光谱区域的光谱信息，与此同时样本在输送装置的作用下作垂直于摄像机的纵向移动，最终完成 4 排脐橙样本图像的采集。所采集到的图像块既包含有特定像素的光谱信息也具有特定波段下的图像信息。采集光谱后，将脐橙样品剥皮放入 ML218 型榨汁机中榨汁并过滤，然后用折射式数字可溶性固形物计（WYA-2S 阿贝折射仪）重复取样测量 3 次，取均值作为样本的可溶性固形物值。

（四）反射光谱校正

由于各波段下光源强度分布不均匀，以及摄像头中暗电流存在和水果表面形状各异，导致光强分布较弱的波段下的图像噪声较大，因此必须对图像进行校正，以消除部分噪声影响。在与样本图像采集相同的系统参数下，首先扫描反射率为 99% 标准白色校正板得到全白的标定图像 W；然后盖上镜头采集到全黑的标定图像 B；最后根据公式(5-1)计算出校正后的图像 R

$$R = \frac{I - B}{W - B} \tag{5-1}$$

式中，I 为原始高光谱图像，B 为全黑的标定图像，W 为全白的标定图像，R 为标定后的高光谱图像。

所有高光谱图像数据的采集均基于 Spectral Image-V10E 软件平台，后续数据处理是基于 ENVI 4.6、分析软件为 Unscrambler 8.0 及 Origin8.0 软件平台。

二、结果与分析

（一）光谱提取

由于脐橙图像上每个像素点都存在不同波长下的光谱信息，为了使每类样本感兴趣区域(ROI)更具有代表性，每个ROI由80～100个像素组成。图5-2给出30个正常果的ROI在450～1 000 nm平均光谱曲线(低于450 nm和高于1 000 nm时，ROI光谱曲线存在较大噪声，可能与CCD在此波段低的量子效率和不同的检测对象有关)。图5-3结出了脐橙样品可溶性固形物大小分布。

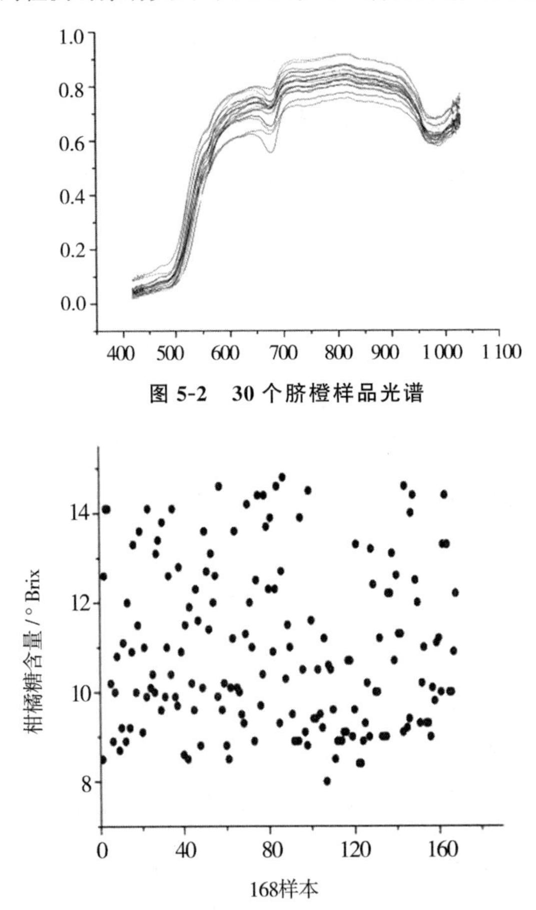

图5-2　30个脐橙样品光谱

图5-3　脐橙样品可溶性固形物大小分布

（二）光谱预处理方法的确定

脐橙大小会引起光程的变化，电噪声、脐橙背景和杂散光等均会影响光谱的信噪比。因此，采用S-G平滑和一阶微分两种预处理方法的消噪效果进行比较，对脐橙的原始光谱进行预处理，然后采用PLS法建模，结果如表5-1所示。用校正样本均方根误差、预测样本均方根误差和相关系数评价模型的预测能力。R^2值越大，*RMSEC*和*RMSEP*越小，表明模型的预测能力越强。

通过比较分析可知，采用S-G平滑建立的PLS回归模型的预测能力优于原始光谱和一阶微分预处理方法。

表5-1　赣南脐橙样品中总酸以及可溶性固形物含量的结果统计

成分	组别	变量数	最大值	最小值	极差	平均值	标准偏差	离散系数
TA/%	校正集	126	3.90	3.26	0.64	3.52	0.12	3.41
	预测集	42	3.76	3.27	0.49	3.54	0.11	3.11
SSC/°Brix	校正集	126	14.05	8.12	5.93	10.88	0.83	7.63
	预测集	42	13.81	8.34	5.47	10.98	0.80	7.29

（三）最佳定标模型的确定

为了确定最佳建模因子数，分别对可溶性固形物的 R_c、$RMSEC$、R_p、$RMSEP$ 随主成分数的变化关系进行分析。图5-4为脐橙可溶性固形物模型的 R_c、$RMSEC$、R_p、$RMSEP$ 与主成分数的关系。由图5-4可以看出，随着主成分数的增加，R_c 和 R_p 值随之增大，$RMSEC$ 和 $RMSEP$ 值随之减小，当主成分数增加到12以后，R_c 值均趋于稳定，增长幅度趋缓，R_p 值呈下降趋势，$RMSEC$ 值有明显下降趋势，但是 $RMSEP$ 值呈现上升趋势。为了降低模型复杂度和取得较小的 $RMSEP$ 值，主成分数取12即可，此时 $RMSEC$ 值和 $RMSEP$ 值分别为0.929 2和0.812 2。

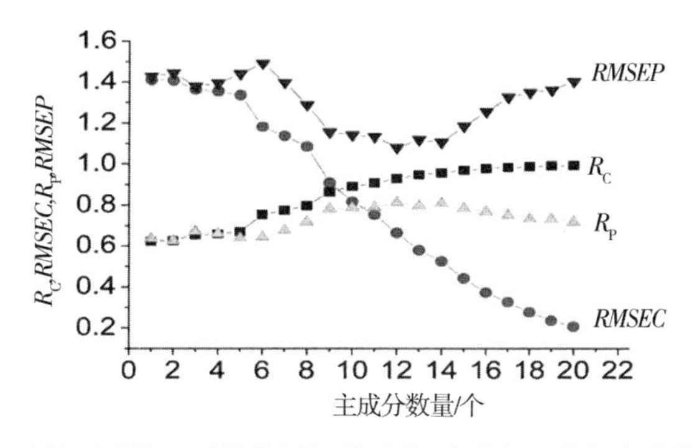

图5-4　脐橙可溶性固形物模型相关系数、均方根误差与主成分数的关系

图5-5为基于S-G平滑的PLS回归模型对脐橙可溶性固形物的校正结果，图5-6为采用光谱S-G平滑处理后PLS模型对脐橙可溶性固形物的预测结果。由图5-6可知，可溶性固形物的测量值和预测值的相关性较高。

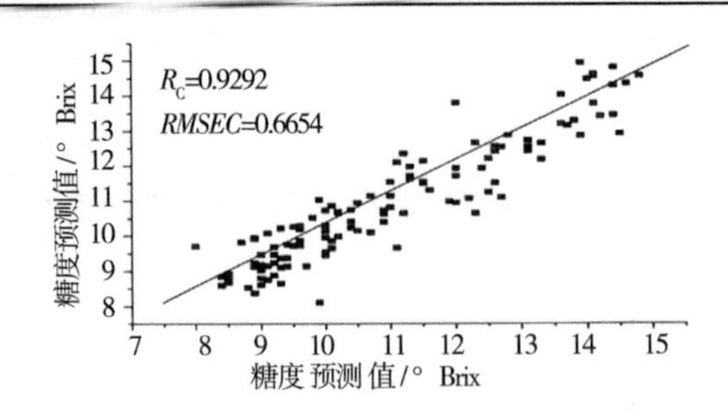

图 5-5 使用 PLS 模型的糖的校准结果

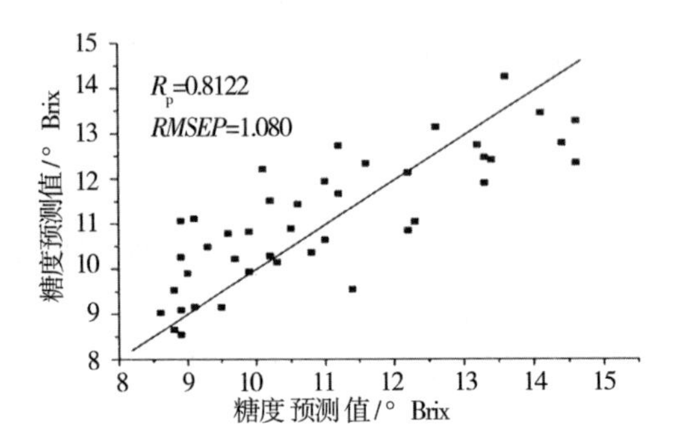

图 5-6 PLS 模型对脐橙可溶性固形物的预测结果

第二节 基于高光谱成像技术检测赣南脐橙表面农药残留

主要基于高光谱 900 nm～1 700 nm 近红外波段成像系统，讨论脐橙表面农药残留随时间变化(0 d,4 d,20 d)情况，提取并分析农药残留及正常果皮感兴趣区域光谱曲线并结合主成分分析法确定特征波段，接着基于特征波段进行二次主成分分析，实现农药残留与其他正常赣南脐橙果的分类识别。

一、材料与方法

(一) 实验材料

样本用赣南脐橙购于某批发市场，所用农药为杜邦万灵牌，有效成分是 24%灭多威可溶性液剂，属于氨基甲酸酯类杀虫剂。用蒸馏水把农药分别配置成 1 : 20,1 : 100 和 1 : 1 000 倍的溶液。然后把相同浓度的溶液分别滴到 30 个洗净的脐橙表面，每个浓度滴 10 个果，每个果面农药残留为 2 个椭圆形区域，溶液量约为 500 μL。将水果分别放置 0 d、4 d 和 20 d，拍摄图像。

(二) 高光谱成像系统

图像数据基于光谱仪的高光谱成像系统所获取。整个系统主要包括芬兰 Specimen 公司的 ImSpector V17E 高光谱摄像机，用于获取在 900～1 700 nm 波段范围内的高光谱图像，一套 150 W 的光纤卤素灯可以提供可见近红外波段范围。高光谱仪光谱波段范围共有 256 个波段。将整套系统置于一个表面涂有黑漆的密闭柜中，以避免图像采集时环境光的干扰。

（三）高光谱数据采集

在高光谱图像数据采集前，预先根据光源的照度设定好高光谱摄像头曝光时间以保证图像清晰，并调整好输送装置的速度以避免图像空间分辨率失真。经过多次调整及参数优化，最终确定曝光时间为 0.08 s，输送平台运行速度为 3.1 mm/s，物距 42 cm。数据采集时，线阵探测器在光学焦平面的垂直方向做横向扫面，从而获取所扫描空间中每个像素在整个光谱区域的光谱信息，与此同时样本在输送装置的作用下作垂直于摄像机的纵向移动，最终完成赣南脐橙样本图像的采集。

（四）光谱校正

由于光源的强度在各波段下分布不均匀以及摄像头中暗电流噪音的存在，造成在光源强度分布较弱的波段下所获得的图像含有较大的噪音。因此，需要对所获得的高光谱图像进行黑白标定。在与样品采集相同的系统条件下，扫描标准白色校正板得到全白的标定图像 W，关闭相机镜头进行图像采集得到全黑的标定图像 B。

最后根据公式(5-1)计算出校正后的图像 R。

所有高光谱图像数据的采集均基于 Spectral Image-V17E 软件平台，后续数据处理是基于 ENVI 4.6 和 Matlab 2010。

二、结果与分析

（一）光谱提取与分析

由于赣南脐橙图像上每个像素点都存在不同波长下的光谱信息，为了使每类样本感兴趣区域更具有代表性，每个 ROI 由 80 个左可像素组成。图 5-7 给出不同浓度农药残留果和正常果各 1 个赣南脐橙的 ROI 在 900～1 700 nm 平均光谱曲线。观察光谱区域发现：(1)几乎所有样本表面在短波近红外波段区域反射值大于在长波近红外区域反射值；(2)在 1 080 nm～1 700 nm光谱区域几乎呈单调递减趋势；(3)与正常果样本相比，滴过农药的水果 ROI 光谱曲线在 1 000 nm 波段处出现光谱吸收峰。

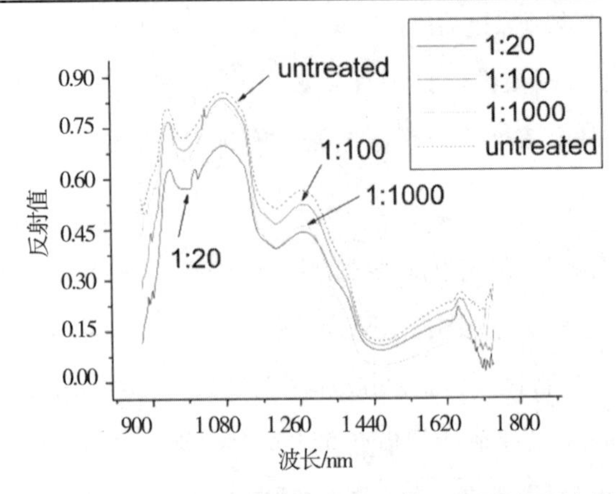

图 5-7　赣南脐橙农药残留和正常果表面感兴趣区域反射光谱曲线

（二）主成分分析

主成分分析(PCA)用多波段数据的一个线性变换,变化数据到一个新的坐标系统,以使数据的差异达到最大。这一技术对于增强信息含量、隔离噪声及减少数据维数非常有效。图5-8 表示在 900～1 700 nm 光谱区域所有波段经过主成分分析后赣南脐橙不同浓度的农药残留及放置不同时间样本的前 6 个 PC 图像。由于 PC-1 包含了原始数据的最多信息,而这些信息中绝大部分是正常果皮信息,不利于农药残留提取,相比而言,PC-2 更适合农药残留区域的提取分割,本书取 PC-2。

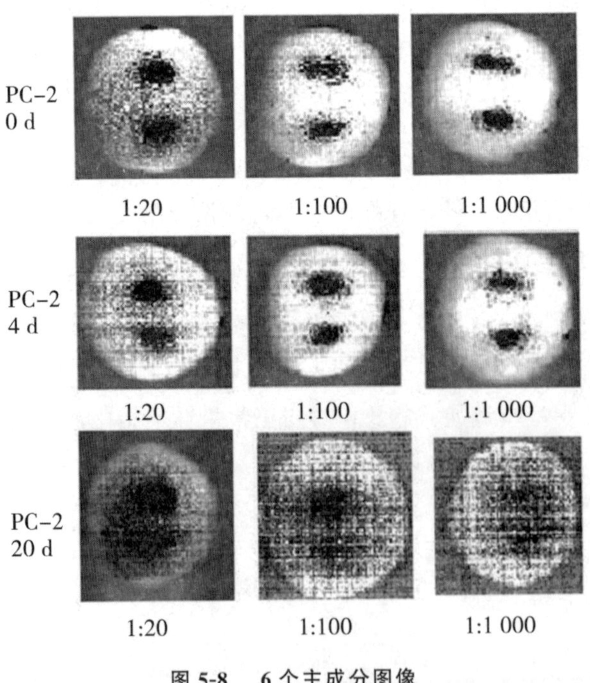

图 5-8　6 个主成分图像

（三）特征波段主成分分析

由于大量波段参与第一次主成分分析，因此，第一次主成分分析法并不适合农药残留在线检测。如何基于少量特征波段开发出有效的农药残留检测算法是高光谱成像系统在线实施的关键。为了能够在线检测农药残留，本书尝试基于 930 nm、980 nm、1 100 nm、1 210 nm、1 300 nm、1 400 nm、1 620 nm 和 1 680 nm 做第二次主成分分析。图 5-9 是主成分分析后获得的 6 个 PC 图像。观察发现利用 8 个特征波段得出的 PC 图像与采用全波段做主成分分析获得的 PC 图像并没有太大差异，甚至由于采用较少的波段数进行主成分分析，可以有效减少在整个光谱区域由于图像采集时光线反射不均匀而产生大量噪声的影响，如 PC-2。与全波段主成分分析相比，PC-2 更有利于农药残留的提取。

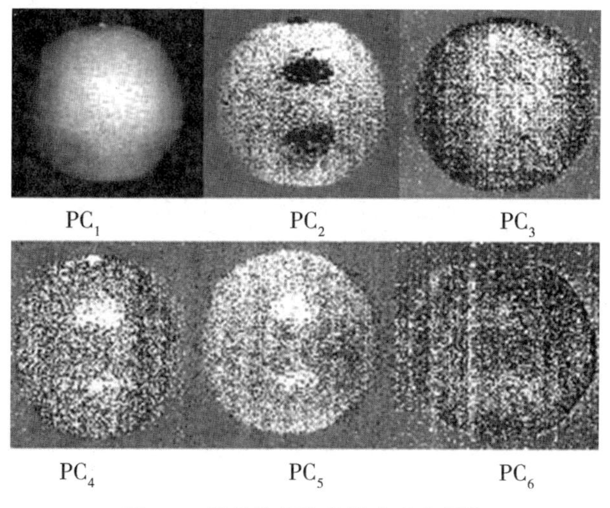

图 5-9　基于特征波段的主成分图像

（四）农药残留区域提取识别算法

取赣南脐橙 PC-2 图像，采用掩模法去背景。考虑到多光谱成像系统较少的波段更有利在线的应用。因此，掩模模板的建立是基于 1 300 nm 的单波段图像。图 5-10(a)是背景分割前的图像，图 5-10(b)是利用单阈值作用于 1 300 nm 的单波段图像而获得的二值图像，随后，图 5-10(a)与图 5-10(b)根据公式 5-2 进行像素点乘运算后得掩模后的图 5-10(c)。

$$BR = OR \times Mask \tag{5-2}$$

式中，BR 为掩模后的图像，OR 为原始图像，$Mask$ 为二值模板。

图 5-11 为赣南脐橙不同浓度的农药残留及放置不同时间样本掩模去背景后部分 PC-2 图像。高光谱成像技术对检测 3 个时间段较高浓度的农药残留都比较明显。

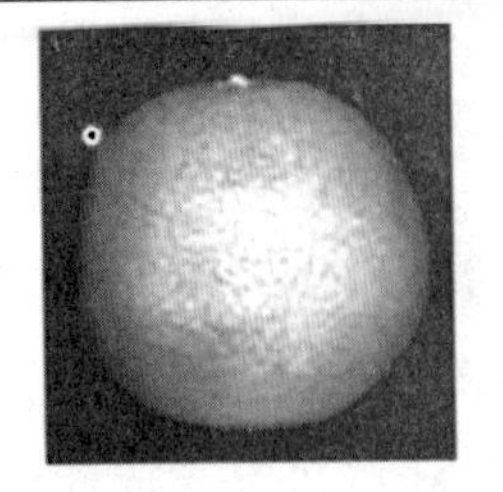

(a)1 300 nm图像

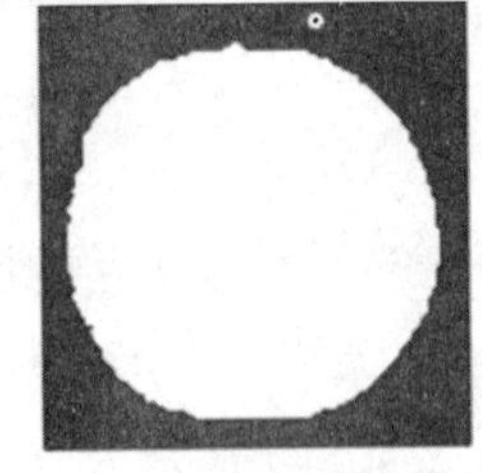

(b)掩模图像

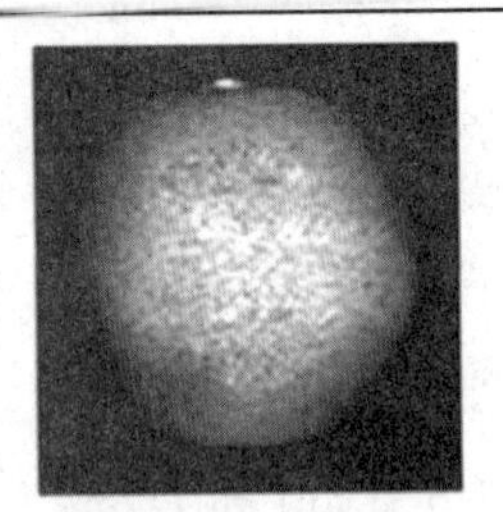

(c)掩模后图像

图 5-10　掩模图像去背景

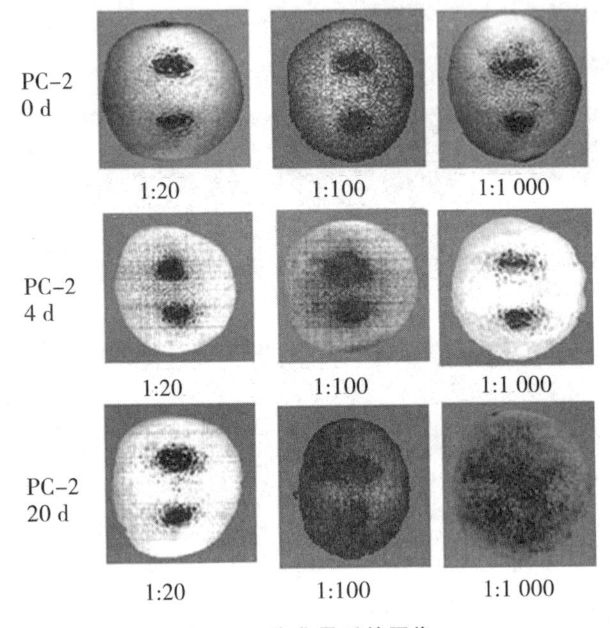

图 5-11　去背景后的图像

考虑到经原始图像变化后的 PC_2 图像中农药残留区域和其他区域差异明显，因此，无需对 PC-2 图像进行预处理，先将 PC-2 图像转换为灰度图，然后再将灰度图进行二值化处理，阈值为 0.5，可以看出农药残留区域从其他区域中有效的被识别出来。

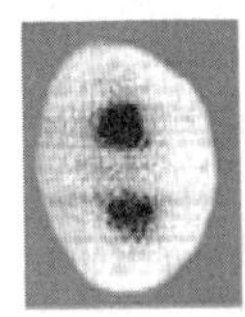
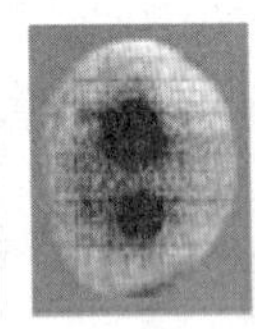
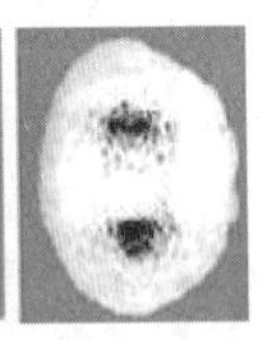

图 5-12　二值提取农药残留

图 5-13 显示出结合掩模算法、特征波段主成分法以及简单图像处理算法(如域值分割等)的流程。

为了进一步检验算法的有效性，特征波段主成分分析法应用于本实验中其他样本，发现高光谱成像技术对检测 3 个时间段较高浓度的农药残留都比较明显。

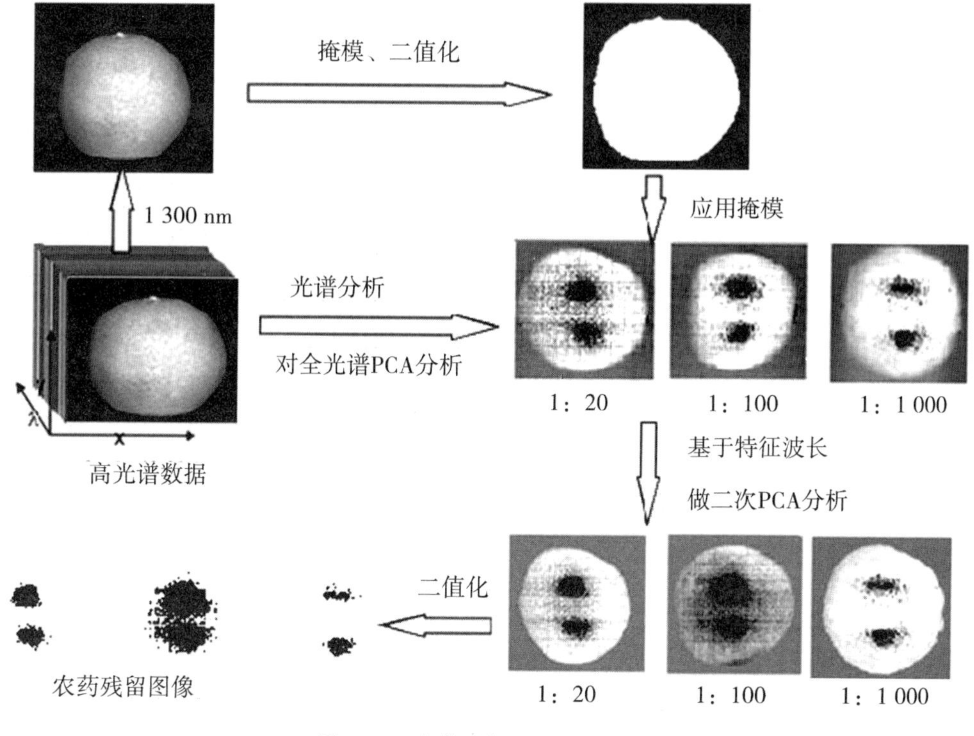

图 5-13　农药残留识别流程

第三节　基于近红外光谱技术对草莓硬度的检测研究

近些年，人们的生活质量不断提高，人们也越来越重视水果的质量问题，草莓的硬度是评价草莓品质的一项重要物理指标，可以判断草莓的成熟情况。当水果在被采摘时，由于水果个体之间的差异，其成熟度也不一样，过早或过晚的采摘都会导致果实品质的下降，通过对水果硬度的测量，能在一定程度上反映水果的品质，从而确定果实的采摘时间。并且，草莓在运输和贮藏过程中，如果硬度不足，果实容易受到挤压与损伤，通过对草莓硬度的测定，能有助于延长果实的货架期，为水果的运输和贮藏提供了科学依据。

传统的硬度测量方法是通过水果硬度计用探头压入的方式进行测量，该方法费时费力，并且会对水果表面造成损伤，难以进行大规模的快速检测，因此，开发一种快速、高效、无损的草莓硬度检测方法是势在必行的。

本章主要通过近红外光谱采集了草莓样本的光谱数据，并结合了光谱预处理方法和特征变量选取方法建立了草莓硬度预测模型，根据模型的评价指标选出最优预测模型，为水果品质的无损检测提供了理论指导。

一、实验数据的采集与样本集的划分

采用 165 个成熟草莓样本进行实验，通过反射模式采集光谱，对于每个草莓样本，随机地在草莓样本的赤道位置附近取 3 个点进行扫描，取平均值作为最终的光谱数据，得到样本的波数-吸光度光谱图。在近红外光谱采集后，使用水果硬度计在草莓样本赤道部位的向阳区和背阳区各测量一次硬度值，最终取平均值作为草莓的硬度值。测定硬度值之后，通过 SPXY 算法将所有样本根据 2∶1 划分为建模集和预测集，其中 110 个样本作为建模集，55 个样本作为预测集，最终样本集的划分如表 5-3 所示。

表 5-3　草莓样本的硬度值统计

样本集	样本数/个	最大值/kg·cm^{-2}	最小值/kg·cm^{-2}	平均值/kg·cm^{-2}	标准偏差
建模集	110	9.63	2.19	5.40	1.36
预测集	55	8.82	3.57	5.45	1.25
总计	165	9.63	2.19	5.42	1.33

二、近红外光谱特征分析

草莓的近红外原始光谱图如图 5-14 所示，从图中可以看到所有的样本光谱都有着相似的

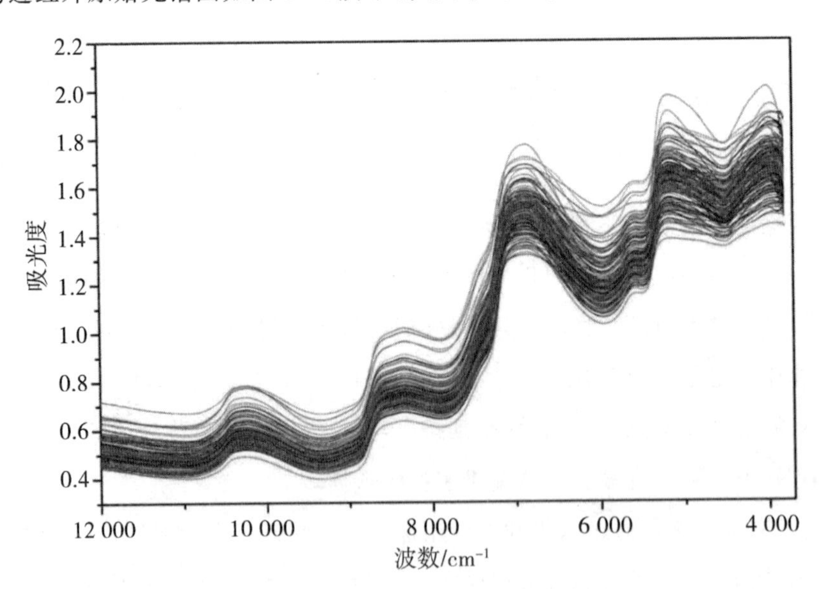

图 5-14　草莓样本近红外原始光谱图

光谱趋势，这表明异常值样本在实验前已被剔除。由图 5-14 可以看出，在 10 000 cm^{-1} 和 9 000 cm^{-1} 处的波峰和波谷主要由样本内部的碳水化合物的 C-H、C-O 弯曲与伸缩引起的，8 000 cm^{-1} 处较弱的吸收峰主要与 C-H 键的二级倍频有关，6 800 cm^{-1} 处的强吸收峰是由 O-H 的一级倍频引起的，而在 5 500 cm^{-1} 到 3 800 cm^{-1} 处光谱的吸收强度较强于其他位置，主要是因为在该部位有明显的 H_2O 吸收。不同的物理化学性质会在光谱中呈现不同的吸收峰和吸收带，含量存在差异时，吸收峰和吸收带的强度也存在差异，这些差异侧面反映了草莓品质的变化，因此，通过近红外光谱对草莓品质的检测是具有可行性的。

三、光谱预处理

在光谱数据采集的过程中，除了包含样本的理化信息之外，还存在一些仪器设备或外界环境产生的噪声污染和基线漂移，因此，需要对原始光谱数据进行预处理来消除外界因素的不良影响。采用多元散射校正、基线校正和标准正态变量变换这 3 种常见的预处理方法，图 5-15 为原始光谱图和预处理光谱图，(a)～(d)分别为原始光谱、MSC、BC、SNV 处理后的光谱。

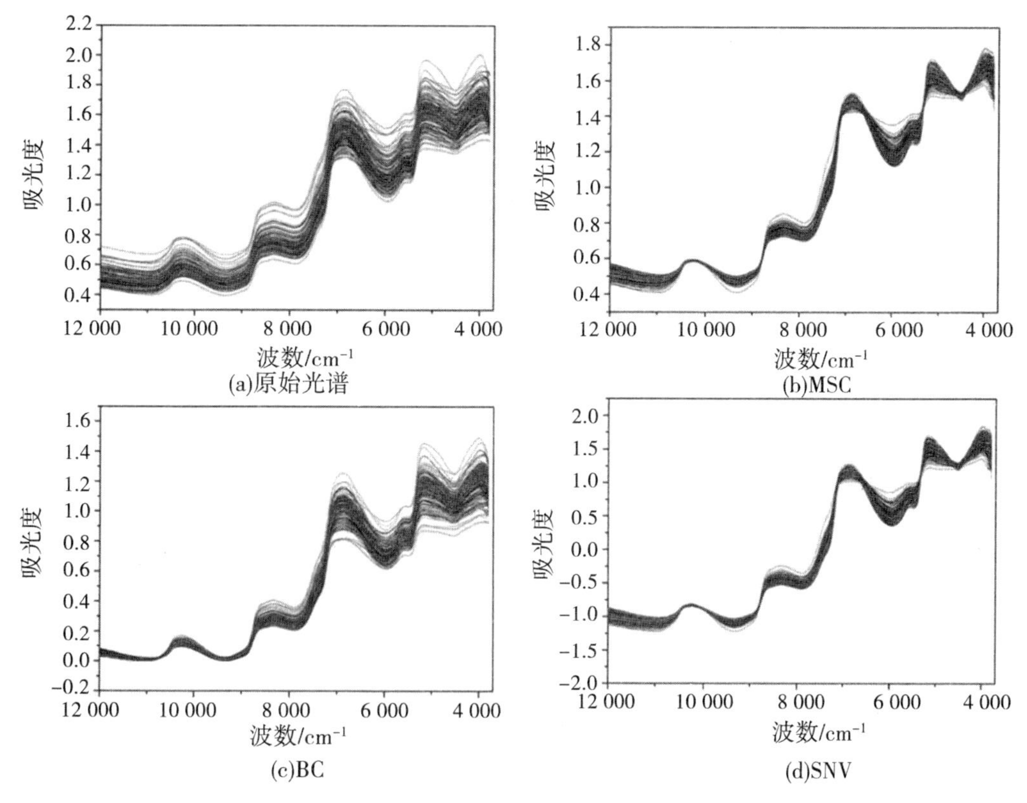

图 5-15　不同预处理的光谱图

基于原始光谱和预处理光谱建立 PLS 模型来预测草莓的硬度，根据 PLS 模型的结果来评价预处理方法的优劣性，基于原始光谱和预处理光谱的 PLS 模型结果。从表 5-4 中可以发现，基于原始光谱建立的 PLS 模型的 R_p^2 就已经达到了 0.8 以上，这表明草莓硬度与近红外光谱间存在明显的相关关系，通过近红外光谱对草莓的硬度进行检测是可行的。并且，从表中可以看出，3 种预处理方法均可有效提升 PLS 模型的性能，这表明原始光谱中的一些无用信息以及干扰信息得到了消除。3 种预处理方法中，经过 SNV 方法处理后建立的模型效果最好，R_p^2 提升到了 0.869，均方根误差也得到了明显的下降，因此，采用 SNV 处理后的光谱数据进行后续的建模分析。

表 5-4　不同预处理方法的草莓硬度 PLS 模型结果

预处理方法	R_c^2	*RMSEC*	R_v^2	*RMSECV*	R_p^2	*RMSEP*	*RPD*
原始光谱	0.820	0.576	0.814	0.586	0.811	0.551	2.304
MSC	0.884	0.431	0.875	0.480	0.866	0.491	2.732
BC	0.845	0.535	0.841	0.542	0.834	0.515	2.454
SNV	0.886	0.459	0.884	0.462	0.869	0.464	2.763

四、特征变量的选取

（一）基于 SPA 的特征变量选取

本书采用的近红外光谱波数范围在 12 000～3 800 cm^{-1}，每个样本含义 4 254 个光谱值，数据集较为庞大，为了减少数据的冗余性，需要从预处理后的光谱数据中提取特征变量。基于 SPA 算法选取的特征变量如图 5-16 所示，共选取了 10 个特征变量，这些特征变量将用于后续的建模与分析。

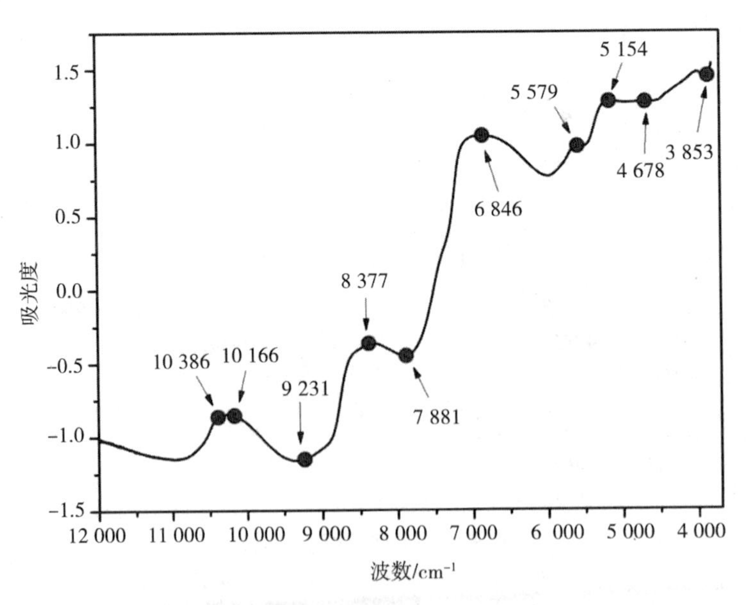

图 5-16　基于 SPA 的特征变量选择结果

（二）基于 CARS 的特征变量选取

本研究在运行 CARS 算法前，将蒙特卡罗采样次数设置为 50，并采用十折交叉验证来进行验证，图 5-17 显示了 CARS 算法的运行过程。从图 5-17(a)中可以看出，随着采样次数的增加，变量数以指数速度迅速下降，当采样次数达到 29 次时，变量选择的速度逐渐减慢。从图 5-17(b)中可以看出，均方根误差随着无用变量的消除不断降低，又随着某些特征变量的剔除而增加，当采样数达到 29 时，均方根误差最低。图 5-17(c)显示了每个变量建模的回归系数路径，最终选择了 57 个特征变量。基于 CARS 算法选取的特征变量具体分布如图 5-18 所示。

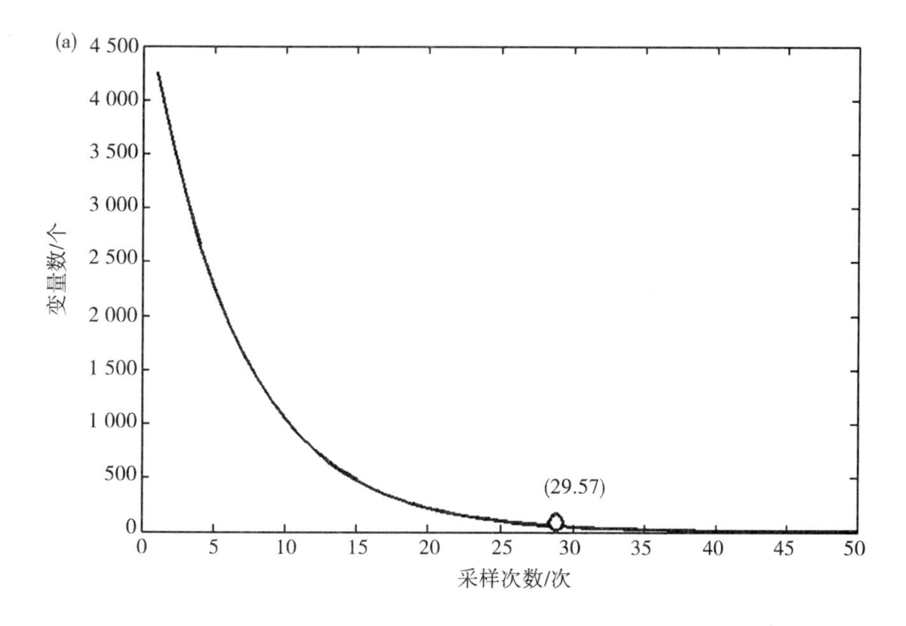

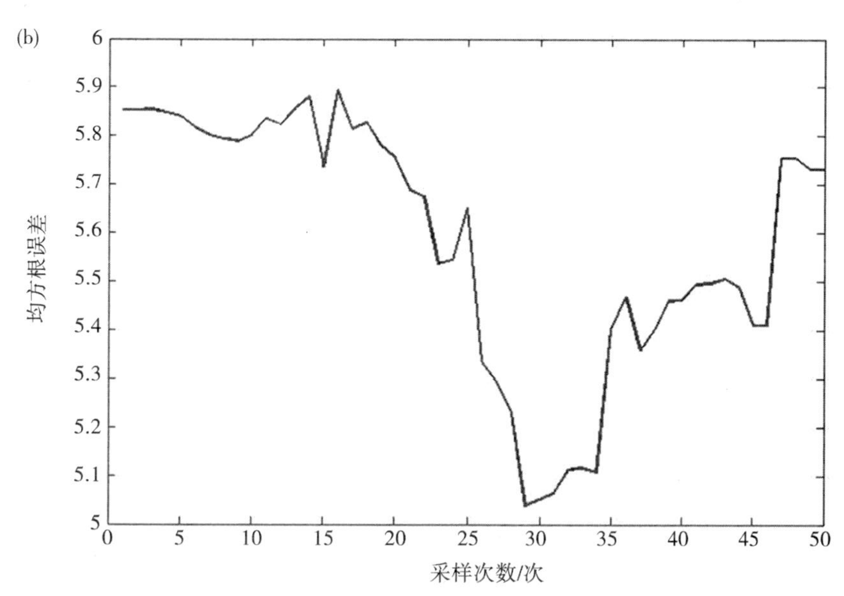

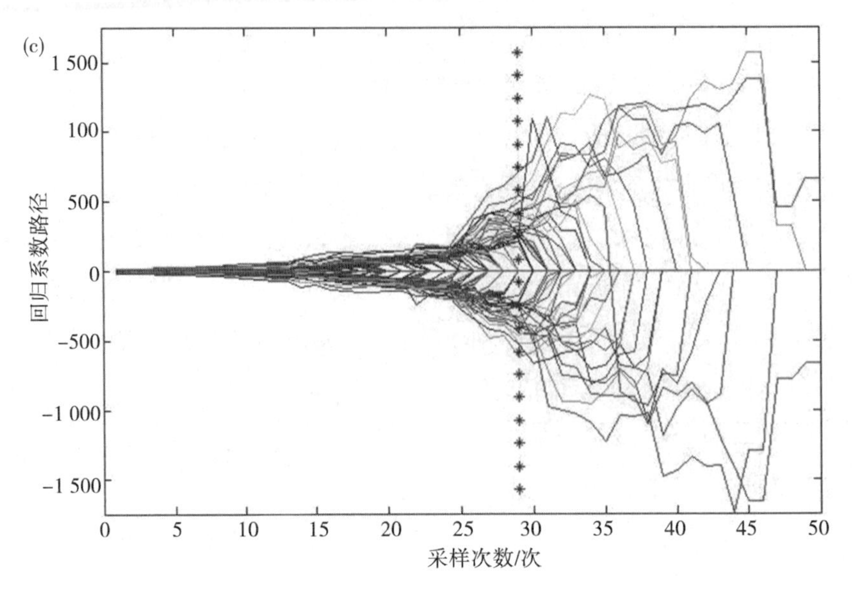

图 5-17　CARS 运行过程

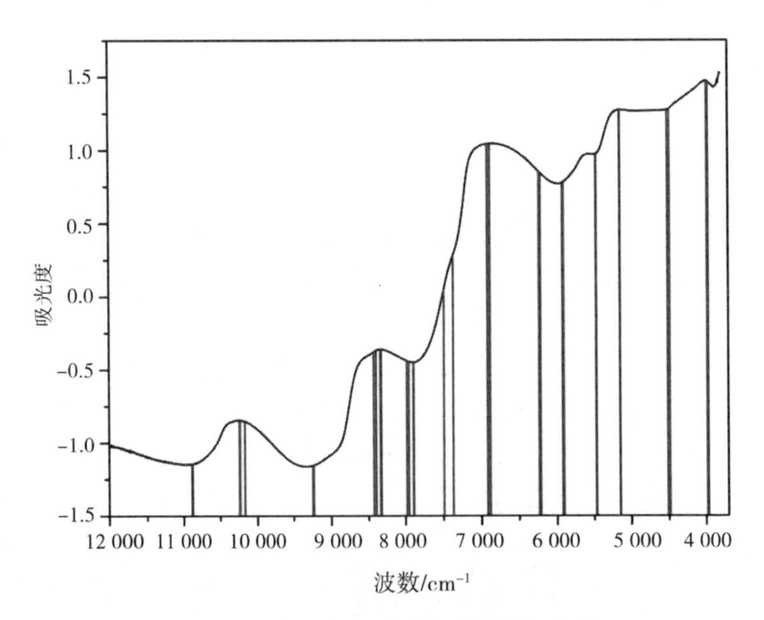

图 5-18　基于 CARS 的特征变量选择结果

（三）基于 RF 的特征变量选取

随机青蛙算法运行的结果如图 5-19 所示，横坐标表示变量个数，纵坐标表示随机青蛙重复 10 000 次被选择的概率，一个变量被选择的概率越高，说明这个变量越重要。根据以往的经验，将被选择概率的阈值设为 0.15，大于阈值的变量作为特征变量。共得到了虚线上方的 7 个波数作为特征变量，变量汇总，如图 5-20 所示。

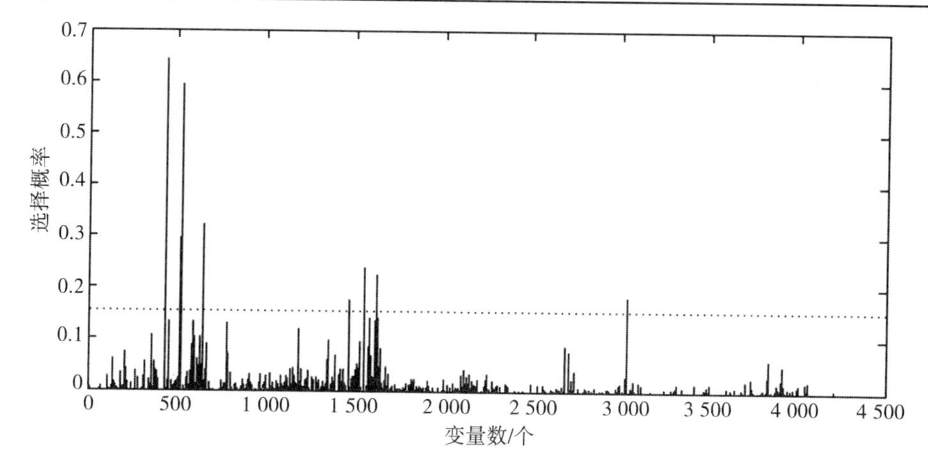

图 5-19　随机青蛙选择变量的概率

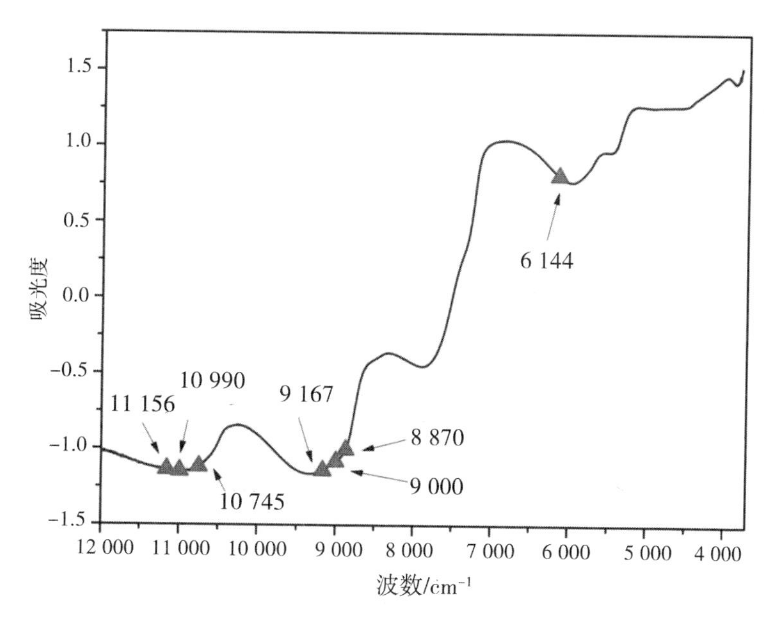

图 5-20　基于 RF 的特征变量选择结果

五、草莓硬度的定量检测模型

（一）全光谱数据预测模型

根据全光谱数据建立 PLS 和 ELM 预测模型，来预测草莓的硬度值，模型的预测结果如表 5-5 所示。

从表 5-5 中可以看出，PLS 预测模型的 R^2 和 RPD 均要高于 ELM 预测模型，$RMSE$ 也要相应较低，PLS 模型的预测能力要优于 ELM 预测模型。分析其原因可能是因为全光谱数据中含有 4 254 个变量，其中含有大量的冗余信息与干扰信息，对 ELM 神经网络的计算有一定的影响，而 PLS 作为一种线性模型，能够充分利用样本变量与待测属性之间的交互信息，受到无用因素的影响较小，模型具有较好的鲁棒性。PLS 和 ELM 模型的实测值与预测值的散点图如图 5-21 和 5-22 所示。

表 5-5　草莓硬度的全光谱预测模型结果

预测模型	R_c^2	$RMSEC$	R_p^2	$RMSEP$	RPD
PLS	0.886	0.459	0.869	0.464	2.763
ELM	0.830	0.532	0.824	0.562	2.386

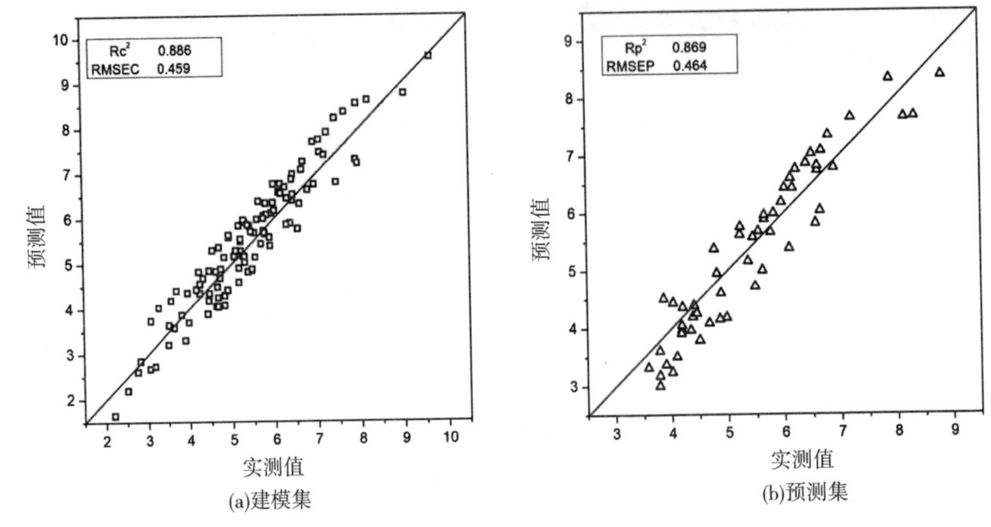

图 5-21　草莓硬度的全光谱 PLS 预测值与实测值散点图

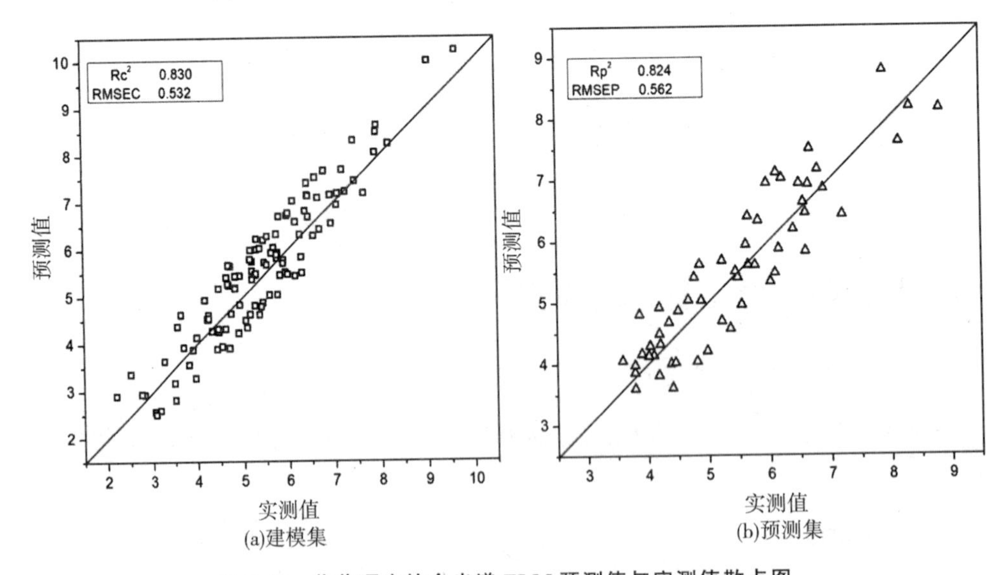

图 5-22　草莓硬度的全光谱 ELM 预测值与实测值散点图

（二）特征变量预测模型

通过 SPA、CARS 和 RF 选取的特征变量建立 PLS 和 ELM 预测模型，比较不同方法选取的特征变量建立的预测模型，模型的预测结果如表 5-6 所示。

表 5-6 草莓硬度的特征变量预测模型结果

方法	变量个数/个	R_c^2	RMSEC	R_p^2	RMSEP	RPD
SPA-PLS	10	0.884	0.431	0.883	0.464	2.923
CARS-PLS	57	0.923	0.363	0.918	0.376	3.496
RF-PLS	7	0.880	0.470	0.854	0.484	2.617
SPA-ELM	10	0.917	0.391	0.904	0.392	3.227
CARS-ELM	57	0.952	0.293	0.946	0.298	4.304
RF-ELM	7	0.909	0.399	0.901	0.409	3.178

从表 5-6 中可以看出，基于 SPA、CARS、RF 选取的特征变量建立的 PLS 模型的 R_p^2 分别为 0.883、0.918、0.854，与基于全光谱建立的 PLS 模型相比，通过 SPA 和 RF 建立的 PLS 模型的效果并未提升，而且有些下降，这表明由于基于 SPA 和 RF 选取的特征变量数量较少，去除噪声信息和无用信息的同时，一部分的有用信息被剔除，使得模型的性能发生了下降，而通过 CARS 选取的特征变量与 SPA 和 RF 相比，数量较多，分布的范围较广，去除了无效信息，包含了大部分的关键信息，使得模型的预测能力得到了提升。CARS-PLS 模型的实测值与预测值的散点图，如图 5-23 所示。

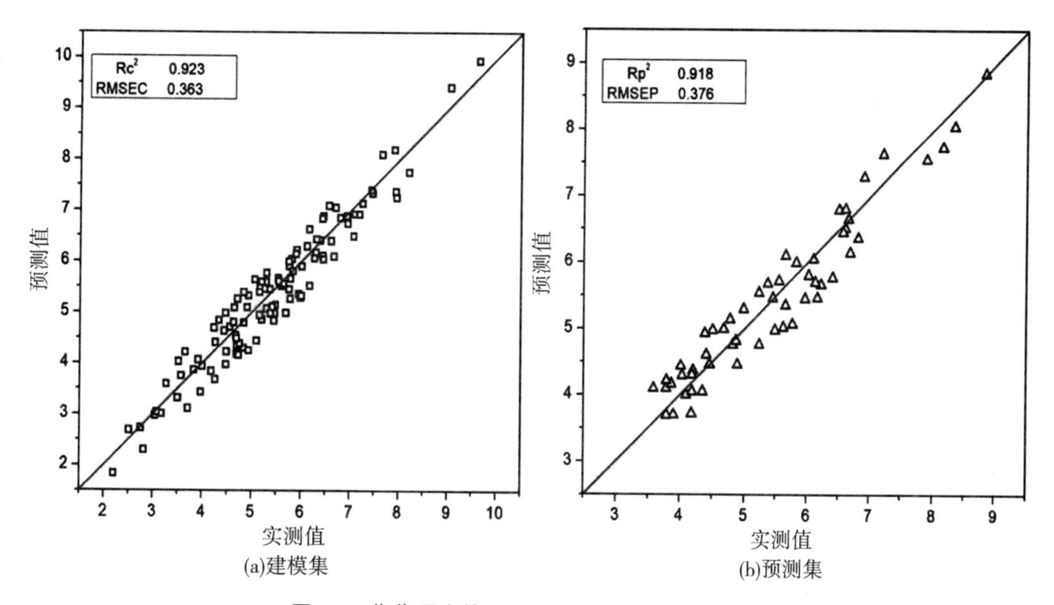

图 5-23 草莓硬度的 CARS-PLS 预测值与实测值

而对于 ELM 模型，通过 SPA、CARS、RF 选取的特征变量建立的预测模型的 R_p^2 分别达到了 0.904、0.946、0.901，普遍优于全光谱预测模型的 0.824，这表明全光谱数据中的干扰信息对 ELM 模型的影响比对 PLS 模型的影响要更显著，特征变量中含有的干扰信息与无用信息较少，模型的预测效果较好。并且由于 CARS 选择的特征变量中含有的关键信息较多，基于 CARS 选择的特征变量建立的草莓硬度预测模型的预测效果最好。CARS-PLS 和 CARS-ELM 模型的实测值与预测值的散点图，如图 5-24 所示。综上所述，经过实验比较分析可以发现，CARS-ELM 模型的预测效果最好，近红外光谱可以有效地对草莓硬度进行检测。

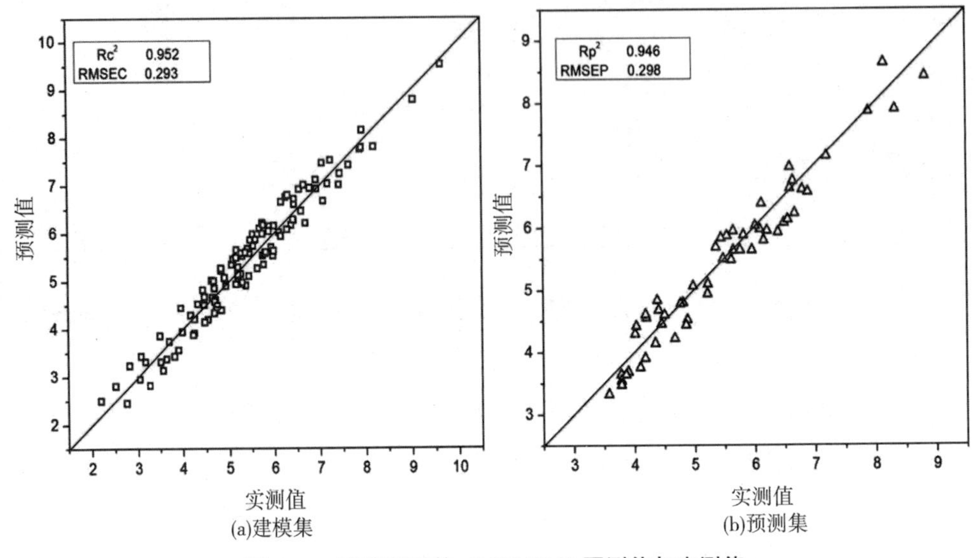

图 5-24　草莓硬度的 CARS-ELM 预测值与实测值

第四节　基于近红外光谱技术对草莓糖度和酸度的检测研究

草莓的糖度和酸度是衡量草莓质量的重要内部化学参数，是影响果实品质和价格的关键因素，在评价水果果实品质中占据重要的地位。糖度主要指的是可溶性固形物的含量，酸度是指草莓的 pH 值。草莓的采摘时间会对草莓的成熟度有影响，不成熟的草莓的糖度酸度较低，而成熟的草莓容易发生变质，如果运输或储存的时间过长，SSC 的含量会发生流失，导致糖度酸度值下降，使得草莓的品质降低。因此，通过对草莓的糖度和酸度进行快速检测，对草莓的品质鉴定与分级有重要意义。

传统的糖度和酸度检测方法是将草莓榨成汁液，通过数显糖度计和 pH 计进行测定，传统的化学方法虽然精确度较高，但操作较为烦琐，且费时费力，会破坏样本。近红外光谱因其快速、低成本且不会对样本进行损伤的特点，已经逐步成为水果检测中的新型工具。开发一种草莓糖度和酸度的近红外检测方法对水果的品质检测有重要的指导意义。

本章主要通过近红外光谱技术，通过各种预处理方法建立多种预测模型，并且获取草莓糖度和酸度的特征变量，以优化糖度和酸度的预测模型。

一、糖度和酸度的测定与样本集的划分

在上一节，实验已经采集了样本的近红外光谱，并测量了样本的硬度值，在这之后，将草莓样本放入榨汁机中榨成汁液，通过数显糖度计来测量样本的糖度，每个样本测量 3 次，取平均值作为样本最终的糖度值。随后通过精密 pH 计来测量草莓的 pH 值，同样每个样本测量 3 次，取平均值作为样本最终的 pH 值。通过 SPXY 算法将所有样本根据 2 : 1 划分为建模集和预测集，其中 110 个样本作为建模集，55 个样本作为预测集，最终样本集的糖度值和酸度值如表 5-7 和表 5-8 所示。

表 5-7　草莓样本的糖度值统计

样本集	样本数/个	最大值/%	最小值/%	平均值/%	标准偏差
建模集	110	13.44	6.22	10.36	1.32
预测集	55	13.07	6.89	10.06	1.35
总计	165	13.44	6.22	10.26	1.34

表 5-8　草莓样本的酸度值统计

样本集	样本数/个	最大值	最小值	平均值	标准偏差
建模集	110	4.10	3.44	3.76	0.14
预测集	55	4.14	3.49	3.82	0.13
总计	165	4.14	3.44	3.78	0.14

二、光谱预处理

在采集近红外光谱的实验过程中，由于噪声、仪器、环境等因素的干扰，使得光谱信息中含有一些干扰信息，这些信息会对之后建立的检测模型产生一定的影响，模型的精度会出现下降。所以需要进行光谱预处理。本章采用多元散射校正、基线校正和标准正态变量变换这 3 种方法来进行光谱预处理，并且基于原始光谱和预处理光谱建立 PLS 模型来预测草莓的糖度和酸度，根据模型的性能来评价预处理方法的优劣。基于不同预处理方法的 PLS 模型结果如表 5-9 所示。

从表 5-9 和之前的内容可以发现，对于相同样本的不同检测指标，预处理方法的结果也不一样。对于草莓的糖度而言，3 种预处理方法均使得 PLS 模型的效果得到了提升，其中 MSC 的提升效果最为显著，基于 MSC 预处理的光谱数据建立的 PLS 模型 R_p^2 达到了 0.874。对于草莓的酸度而言，BC 处理后的光谱对模型几乎没有提升效果，而 MSC 对模型的提升效果最

好，R_p^2 提升至了 0.896。并且，基于原始光谱的草莓糖度和酸度预测模型的 R_p^2 分别达到了 0.803和 0.843，说明近红外光谱与草莓糖度值和酸度值之间存在着明显的定量关系，近红外光谱用于检测草莓的糖度酸度是可行的。

表 5-9 不同预处理方法的 PLS 预测模型结果

检测指标	预处理方法	R_c^2	*RMSEC*	R_v^2	*RMSECV*	R_p^2	*RMSEP*	*RPD*
糖度	原始光谱	0.827	0.563	0.818	0.565	0.803	0.589	2.257
	MSC	0.886	0.447	0.885	0.457	0.874	0.471	2.817
	BC	0.841	0.528	0.839	0.531	0.829	0.556	2.421
	SNV	0.847	0.525	0.843	0.528	0.832	0.542	2.445
酸度	原始光谱	0.852	0.059	0.850	0.060	0.843	0.065	2.525
	MSC	0.885	0.046	0.882	0.047	0.896	0.043	3.101
	BC	0.851	0.058	0.849	0.061	0.844	0.064	2.537
	SNV	0.862	0.051	0.860	0.053	0.857	0.058	2.644

三、特征变量的选取

（一）基于 SPA 的特征变量选取

基于 SPA 提取的草莓糖度和酸度的特征变量见图 5-25，指定特征变量的个数在5～20 个之间，经过 SPA 运行后，糖度和酸度的特征变量各选取了 10 个，对于糖度，选取的特征变量分别为 10 330、10 132、9 351、8 780、7 812、7 326、6 581、5 581、4 526、3 814 cm^{-1}，对于酸度，选取的特征变量分别为 10 303、10 062、8 772、7 100、6 581、5 343、5 177、4 612、3 910、3 801 cm^{-1}。

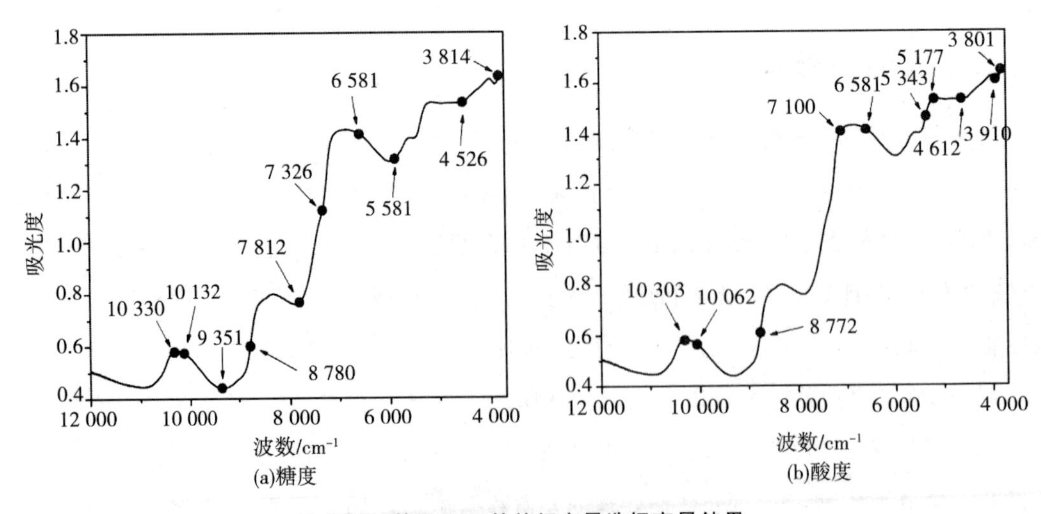

图 5-25 基于 SPA 的特征变量选择变量结果

（二）基于CARS的特征变量选取

取蒙特卡罗采样次数为50，采用10折交叉验证来进行验证。基于CARS选取的草莓糖度的特征变量的运行过程如图5-26所示，当采样次数达到27次时，均方根误差达到最小值，选取了73个特征变量；基于CARS选取的草莓酸度的特征变量的运行过程如图5-27所示，当采样次数达到40次时，均方根误差达到最小值，选取了10个特征变量。基于CARS算法选取的特征变量具体分布如图5-28所示。

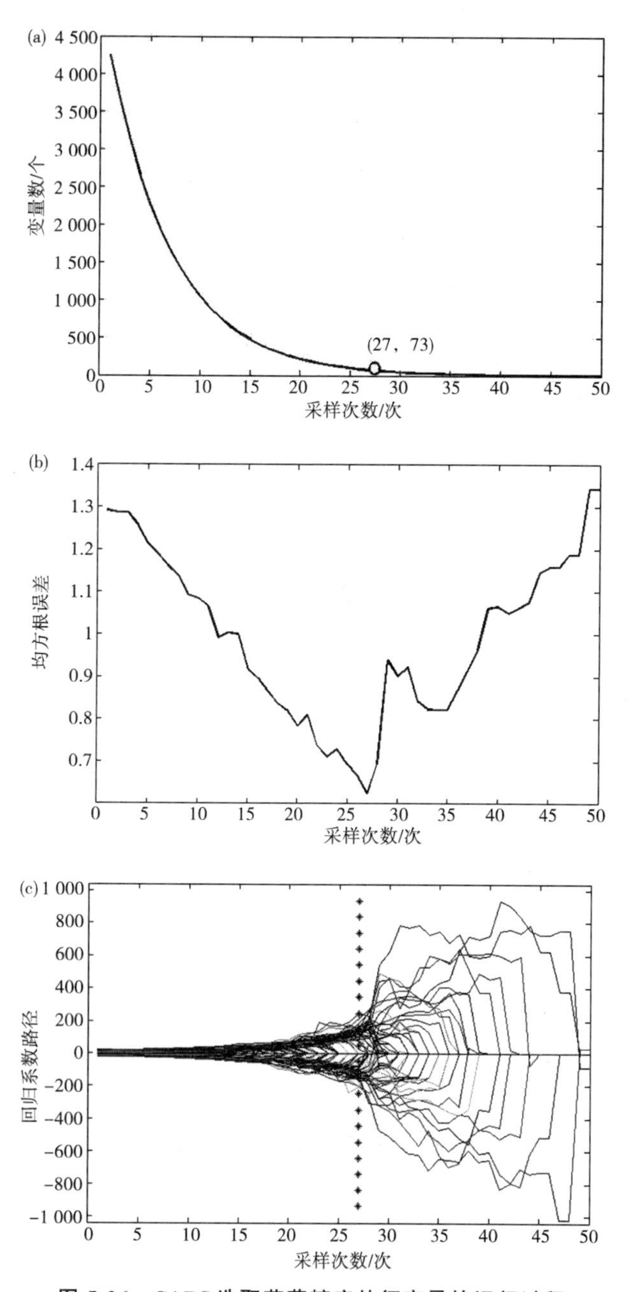

图5-26　CARS选取草莓糖度特征变量的运行过程

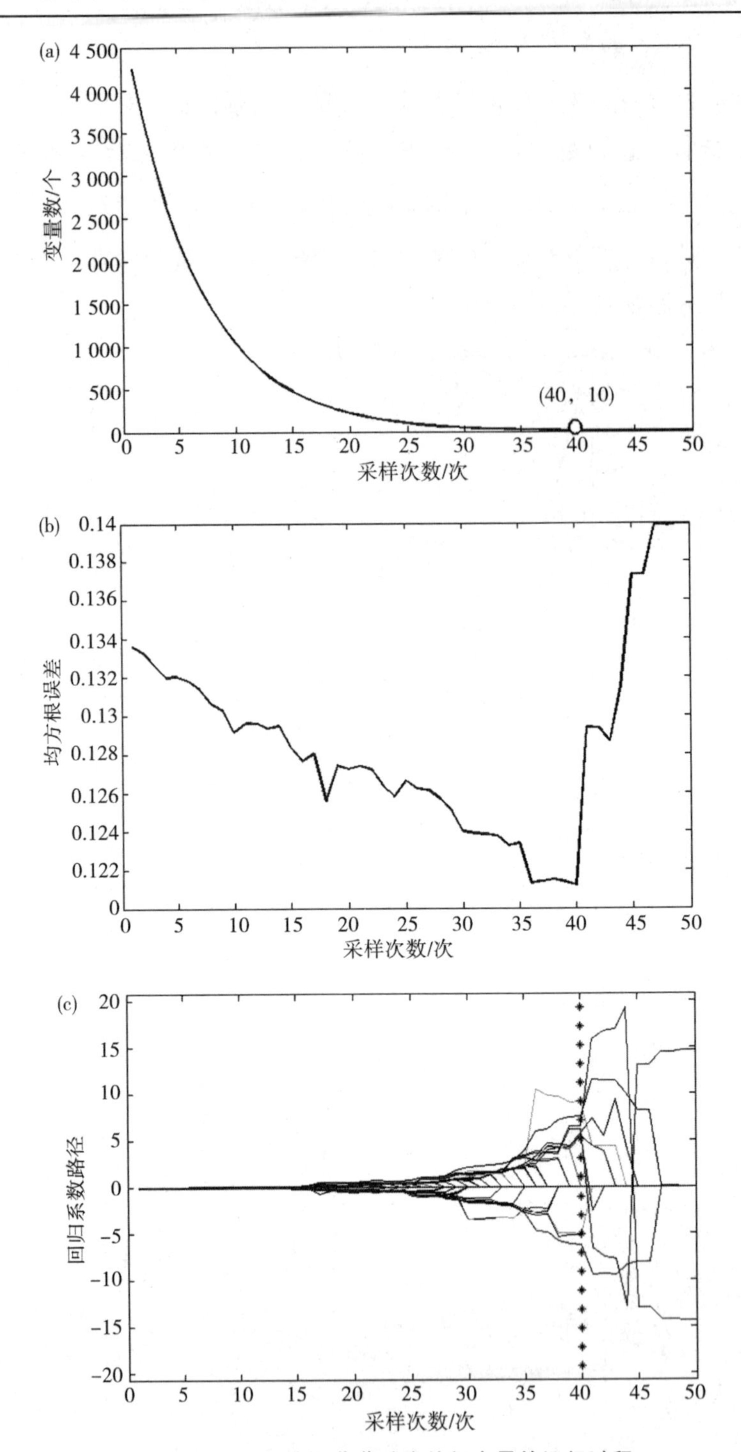

图 5-27 CARS 选取草莓酸度特征变量的运行过程

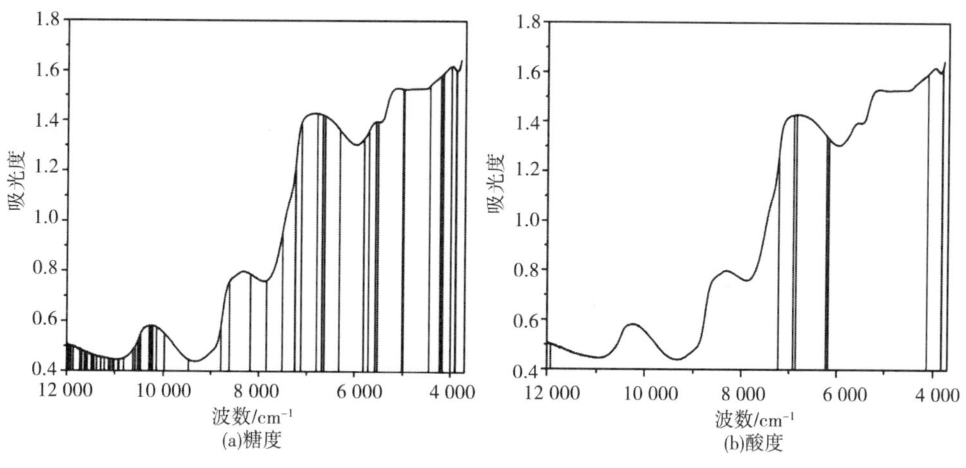

图 5-28　基于 CARS 的特征变量选择结果

（三）基于 RF 的特征变量选取

通过 RF 算法选择草莓糖度特征变量的运行结果如图 5-29(a)所示，将被选择概率的阈值设为 0.2，大于阈值的变量作为特征变量，共选择了 10 个特征变量，分别为 10 814、10 515、10 166、10 149、10 130、10 039、9 889、9 887、9 837、8 734 cm^{-1}。通过 RF 算法选择草莓酸度特征变量的运行结果如图 5-29(b)所示，将被选择概率的阈值设为 0.1，共选择了 19 个特征变量，分别为 11 563、11 470、11 428、11 073、10 812、10 735、10 550、10 500、10 442、10 292、10 230、10 037、6 797、6 780、6 527、6 244、6 155、5 964 cm^{-1}。基于 RF 算法选取的特征变量具体分布如图 5-30 所示。

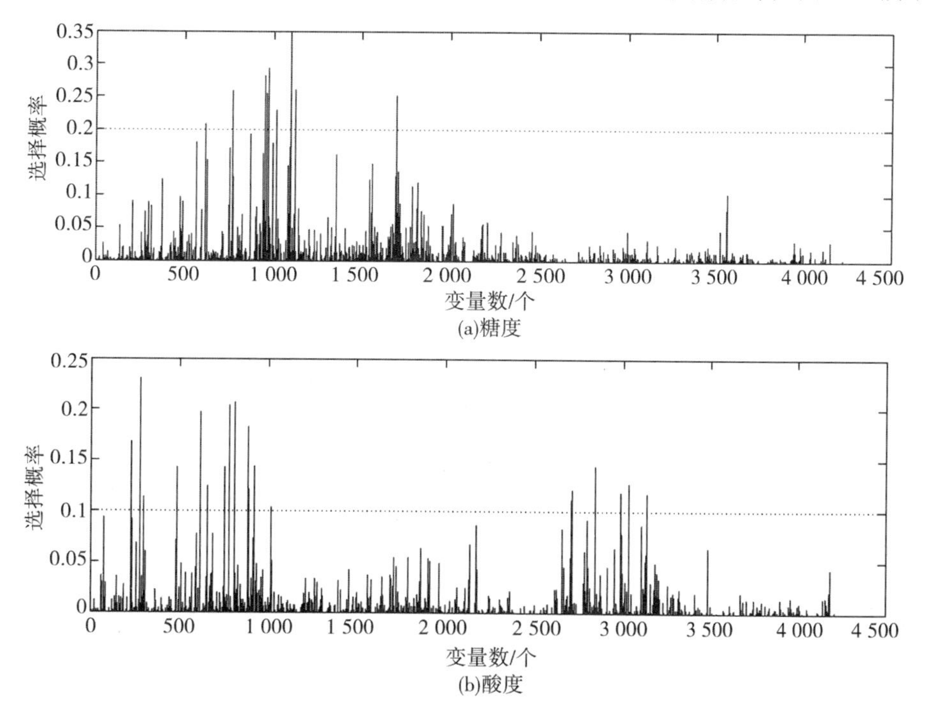

图 5-29　随机青蛙选择变量的概率

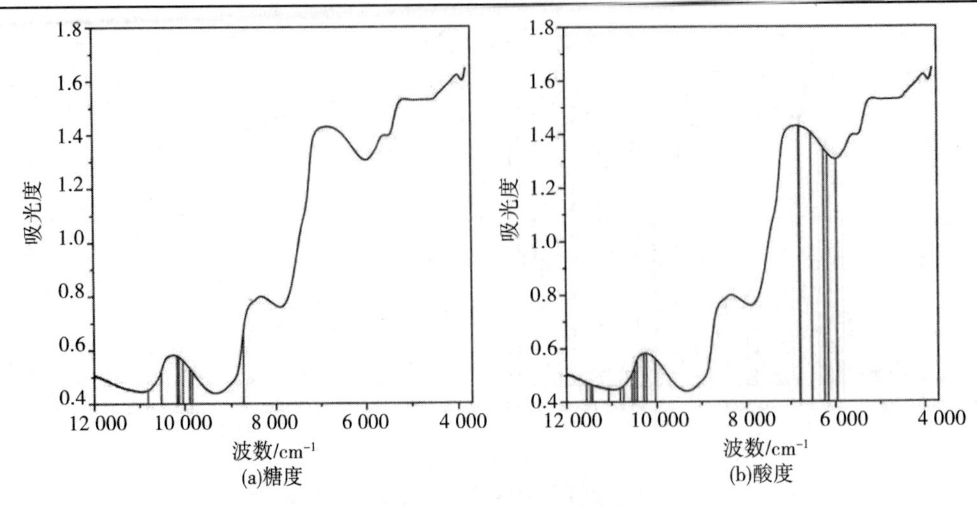

图 5-30　基于 RF 的特征变量选择结果

四、草莓糖度酸度的定量检测模型研究

（一）全光谱数据预测模型

通过全光谱数据建立 PLS 和 LS-SVM 模型，对草莓的糖度和酸度进行预测，模型的预测结果如表 5-10 所示。

表 5-10　草莓糖度酸度的全光谱预测模型结果

指标	预测模型	R_c^2	*RMSEC*	R_p^2	*RMSEP*	*RPD*
糖度	PLS	0.886	0.447	0.874	0.471	2.817
	LS-SVM	0.933	0.347	0.931	0.350	3.808
酸度	PLS	0.885	0.046	0.896	0.043	3.101
	LS-SVM	0.944	0.031	0.932	0.035	3.835

从表 5-10 中可以看出，无论是糖度还是酸度模型，LS-SVM 模型的性能都要优于 PLS 模型。LS-SVM 模型作为非线性模型，既可以处理线性问题，也可以处理非线性问题，而对于草莓糖度和酸度的预测，LS-SVM 模型的预测效果要明显优于 PLS 模型，这说明了光谱信息与糖度值和酸度值之间存在一定的非线性关系，而 LS-SVM 模型正好可以处理这种非线性关系，因此模型的性能得到了提升。草莓糖度和酸度的 LS-SVM 模型的实测值与预测值的散点图如图 5-31 和 5-32 所示。

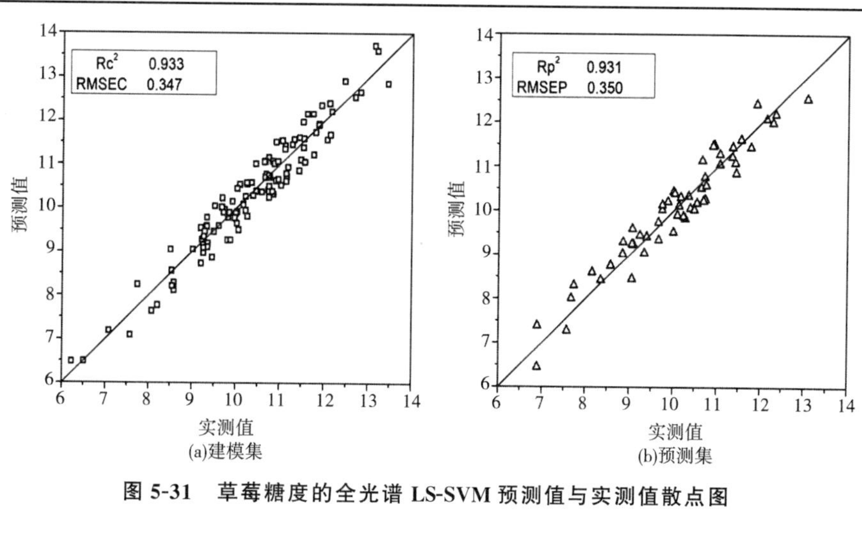

图 5-31　草莓糖度的全光谱 LS-SVM 预测值与实测值散点图

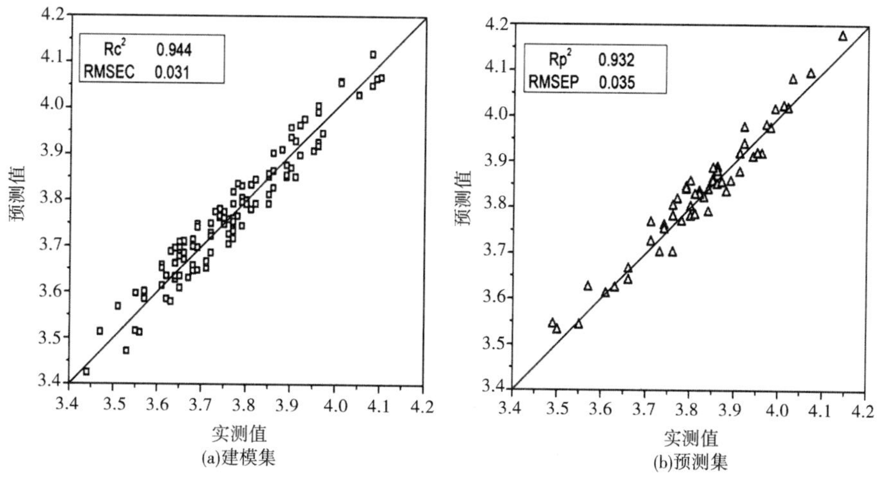

图 5-32　草莓酸度的全光谱 LS-SVM 预测值与实测值散点图

（二）特征变量预测模型

通过 SPA、CARS 和 RF 选取的特征变量建立 PLS、MLR 和 LS-SVM 预测模型，对比不同方法选取的特征变量建立的预测模型，结果见表 5-11。

从表 5-11 中可以发现，对于草莓糖度和酸度而言，基于特征变量建立的预测模型普遍都要优于全光谱模型，这说明了特征变量不但简化了模型，降低了运算时间，而且提高了模型的精确度。对于草莓糖度而言，基于 CARS 算法提取的特征变量建立的模型效果较好，这说明 CARS 算法提取的特征变量含有的关键信息最多，其中 CARS-LS-SVM 性能最好，R_c^2 和 R_p^2 分别达到了 0.972 和 0.971，*RMSEC* 和 *RMSEP* 分别为 0.223 和 0.228。对于草莓酸度而言，基于 SPA 和 CARS 选取的特征变量建立的模型效果相差无几，CARS 算法要略好一些，其中 CARS-LS-SVM 模型的性能最好，R_c^2 和 R_p^2 分别达到了 0.983 和 0.981，*RMSEC* 和 *RMSEP* 分别为 0.016 和 0.017。草莓糖度和酸度的 CARS-LS-SVM 模型的实测值与预测值的散点图如图 5-33 和 5-34 所示。

表 5-11　草莓糖度酸度的特征变量预测模型结果

指标	方法	变量个数	R_c^2	*RMSEC*	R_p^2	*RMSEP*	*RPD*
糖度	SPA-PLS	10	0.901	0.405	0.896	0.412	3.101
	CARS-PLS	73	0.915	0.384	0.908	0.396	3.297
	RF-PLS	10	0.910	0.390	0.904	0.401	3.228
	SPA-MLR	10	0.926	0.375	0.921	0.381	3.558
	CARS-MLR	73	0.935	0.354	0.932	0.369	3.835
	RF-MLR	10	0.921	0.379	0.918	0.388	3.492
	SPA-LS-SVM	10	0.940	0.318	0.935	0.351	3.923
	CARS-LS-SVM	73	0.972	0.223	0.971	0.228	5.875
	RF-LS-SVM	10	0.938	0.322	0.933	0.345	3.863
酸度	SPA-PLS	10	0.928	0.038	0.925	0.038	3.652
	CARS-PLS	10	0.930	0.037	0.924	0.039	3.628
	RF-PLS	19	0.926	0.038	0.922	0.039	3.581
	SPA-MLR	10	0.965	0.022	0.964	0.023	5.271
	CARS-MLR	10	0.969	0.021	0.966	0.022	5.425
	RF-MLR	19	0.959	0.027	0.961	0.026	5.065
	SPA-LS-SVM	10	0.982	0.017	0.979	0.018	6.901
	CARS-LS-SVM	10	0.983	0.016	0.981	0.017	7.256
	RF-LS-SVM	19	0.980	0.019	0.977	0.020	6.596

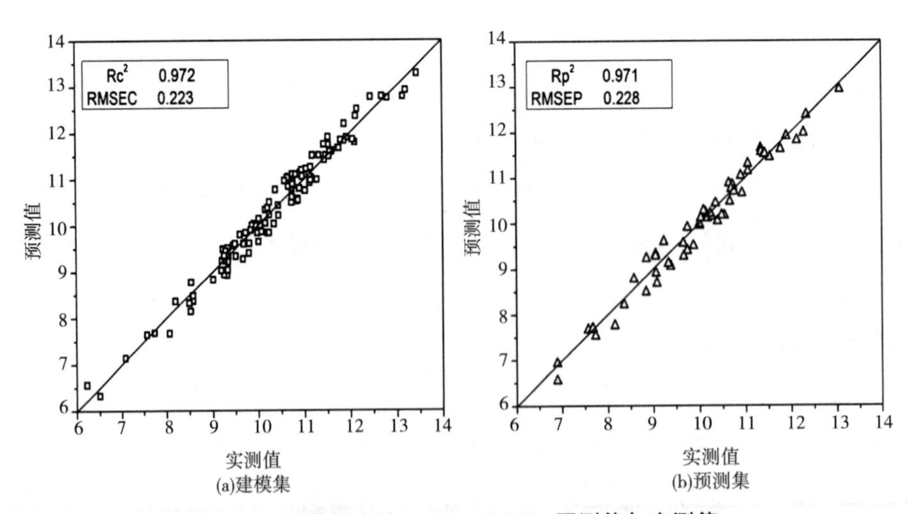

图 5-33　草莓糖度的 CARS-LS-SVM 预测值与实测值

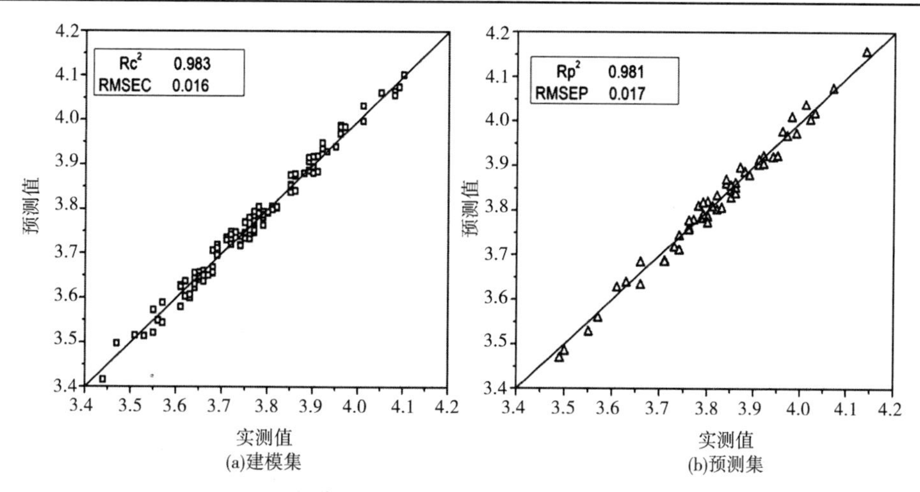

图 5-34　草莓酸度的 CARS-LS-SVM 预测值与实测值

参考文献

[1]孙丹. 近十年来的“中央一号文件”与农业发展[J]. 渤海大学学报(哲学社会科学版),2015,37(2):50-54.

[2]孔丽娟,于海业,陈美辰,等. 高光谱分析叶菜对颗粒物污染的响应特征规律[J]. 光谱学与光谱分析,2021,41(1):236-242.

[3]刘焕军,康苒,Susan Ustin,等. 基于时间序列高光谱遥感影像的田块尺度作物产量预测[J]. 光谱学与光谱分析,2016,36(8):2585-2589.

[4]高振,赵春江,杨桂燕,等. 典型拉曼光谱技术及其在农业检测中应用研究进展[J]. 智慧农业(中英文),2022,4(2):121-134.

[5]刘新旸. 利用拉曼光谱原位研究 DSSC 中染料与光阳极的相互作用[D]. 长春:长春工业大学,2022.

[6]周晶. 基于电化学和表面增强拉曼光谱检测活细胞的 DNA 损伤[D]. 长春:长春工业大学,2021.

[7]谭航彬,姜丽,金尚忠,等. 基于拉曼光谱的鸡蛋新鲜度检测及分类方法[J]. 中国计量大学学报,2022,33(2):181-188.

[8]赵凌艺,杨瑞琴,蔡伟平. 表面增强拉曼光谱在传统阿片毒品检测中的应用[J]. 激光与光电子学进展, 2022,59(17):27-36.

[9]张民,李银花,袁晴春,等. 近红外光谱对鲜茶叶茶多酚和氨基酸总量检测的研究[J]. 上海农业学报, 2015,31(6):36-40.

[10]刘翠玲,朱锐,徐金阳,等. 基于高光谱成像技术快速检测茶叶茶多酚含量[J]. 食品安全质量检测学报,2022,13(17):5504-5510.

[11]于海业,李晓凯,于跃,等. 光谱技术在农作物信息感知中的应用研究进展[J]. 吉林农业大学学报,2021,43(2):153-162.

[12]桂江生,吴子娴,顾敏,等. 高光谱成像技术在农业中的应用概述[J]. 浙江农业科学,2017,58(7):1101-1105.

[13]雷利琴,官春云.农业光谱数字技术在作物信息监测上的应用进展[J].作物研究,2011,25(6):626-629.

[14]李江波,彭彦昆,陈立平,等.近红外高光谱图像结合CARS算法对鸭梨SSC含量定量测定[J].光谱学与光谱分析,2014,34(5):1264-1269.

[15]邹小波,赵杰文.用遗传算法快速提取近红外光谱特征区域和特征波长[J].光学学报,2007,27(7):1316-1321.

[16]吴迪,吴洪喜,蔡景波,等.基于无信息变量消除法和连续投影算法的可见近红外光谱技术白虾种分类方法研究[J].红外与毫米波学报,2009,28(6):423-427.

[17]宋海燕,程旭.水分对土壤近红外光谱检测影响的二维相关光谱解析[J].光谱学与光谱分析,2014,34(5):1240-1243.

[18]彭杰,王家强,向红英,等.土壤含盐量与电导率的高光谱反演精度对比研究[J].光谱学与光谱分析,2014,34(2):510-514.

[19]郑成霞.airPLS算法去除拉曼光谱背景噪声的有效性研究[J].电子元器件与信息技术,2021,5(2):195-196.

[20]吕雅娟,袁瑞青,李志英.2-巯基苯并噻唑荧光增敏法检测过氧化氢含量及过氧化氢酶活力[J].海南师范大学学报(自然科学版),2020,33(2):132-135.

[21]沈兵兵,姚星伟,王怀文.基于高光谱技术的花椰菜农药残留检测[J].包装工程,2022,43(19):173-179.

[22]魏丹萍.基于成像光谱技术的苏北滨海土壤有机碳密度演变规律研究[D].南京:南京信息工程大学,2022.

[23]崔利,秦浩然,姜海山.高光谱技术的复杂场景遥感测绘数据分类方法[J].激光杂志,2022,43(9):159-163.

[24]王孟尧.基于荧光高光谱成像技术的梨表面损伤检测方法研究[D].杭州:浙江理工大学,2022.

[25]王富强.高光谱技术在植被特征监测中的应用研究[J].南方农机,2022,53(18):76-78.

[26]田雨,刘可禹,蒲秀刚,等.荧光光谱技术在页岩油地质评价中的应用[J].石油学报,2022,43(6):816-828.